Herstellung und Verlag: Books on Demand GmbH, Norderstedt
ISBN 3-8334-4029-5

Metaphysik der Zahl

Rudolf Gerber

Metaphysik der Zahl

Zur Einführung

Vor fast hundert Jahren hat Nicolai Hartmann die Abhandlung `die Anfangsgründe der Mathematik des Proklus Diadochus´ verfasst. Etwa zur gleichen Zeit wurde der mathematische Begriff der Zahl im `Wörterbuch der philosophischen Grundbegriffe´ von Friedrich Kirchner, 1907 und `Wörterbuch der philosophischen Begriffe´ von Rudolf Eisler, 1904, veröffentlicht.

In beiden Darlegungen wurde der mathematischeBegriff der Zahl erklärt und definiert. Aber die geschichtlichen Anfangsgründe blieben dabei unberücksichtigt.

Auch der`metaphysische Hintergund´ der Zahl blieb weitgehend unbeantwortet. Daher soll diese Bearbeitung die`philosophischen Anfangsgründe´ über die Zahl nach Proklus Diadochus, wie auch `metaphysische Darlegungen´über die Zahl bei Nicolai Hartmann zu Wort kommen. Aus Hartmanns bekannten Büchern: Der Aufbau der realen Welt, 1964[3] und Philosophie der Natur, 1950; so wie aus `Die Grammatik der Logik´, von Wolfgang Blum, 2002, werden diese metaphysischen Ausführungen über die Zahl abgeleitet.

Zudem wird ein Versuch unternommen die Aporien der Zahl aufzustellen und die Grenzen des Mathematischen aufzudecken. Zunächst aber wird der mathematische Begriff der Zahl aus den beiden oben angegebenen Wörterbüchern wiedergegeben.

Ein besonderer Grund sich dem Thema `Metaphysik der Zahl´ zuzuwenden besteht darin: In unserer Zeit wird zumal die Berechenbarkeit hervorgehoben.Die Grundlagenforschung durch Kategorialanalysen bei der Astrophysik, der biologischen und geistigen Evolution wird durch mathematische Gesetze vorrangig. Selbst die Philosophie soll vom Mathematischen her vereinnahmt werden, und die philosophisch-theologische Sinn- und Warumfrage wird für naiv abgetan, sodass die Zahl fast alleine zum Zuge kommt. Deshalb soll eine `Metaphysik der Zahl´ versuchen Antworten, auf meine Bücher `Weltbild´,2004, und `Planckwelt´ darzulegen oder zu finden und Grenzen abzustecken, sowie das `2. Hilbertsche Problem´, (1900) und das sogenannte `Unvollständigkeitsgesetz´ von Kurt Gödel, (1931), die Axiomatischen Grenzen der Zahl aufdecken.

Bernkastel-Kues, Anfang 2005, Pfarrer Rudolf Gerber, Dipl.-Pädagoge.

Wörterbuch der philosophischen Grundbegriffe (Friedrich Kirchner 1907)
Zahl heißt die durch die synthetische Tätigkeit des Bewusstseins hergestellte Zusammenfassung gleichartiger Gegenstände (Einheiten) zu einer die Teile und das Ganze ausdrückenden Verbindung. Die Zahl ist nicht die Anschauung oder die Vorstellung oder der Begriff eines empirischen Objektes, und sie enthält auch keine Bestimmung der Substanz oder der Beschaffenheit eines Objektes.
Am Zahlbegriff fehlt aber auch ferner jede Beziehung auf ein Nach- und Nebeneinander, auf Raum und Zeit oder auf ein kausales Verhältnis. In ihm liegt nur die begriffliche Zusammensetzung des Ganzen aus seinen gleichartigen Teilen.Das Zählen als psychischer Akt ist zwar eine zukzessive Verbindung unterschiedener gleichartiger Teile, und die Zahlenreihe ist ohne ein Nebeneinander unmöglich; aber in der fertigen Zahl liegt die Sukzession nicht. So wenig die Nadel, die das Kleid genäht hat, ein Teil des Gewandes ist, ebensowenig ist die Zeit, die zum Zählen gehört, ein Teil des gertigen Zahlbegriffs.
Die Zahl ist vielmehr abstrakter als alle Zeit - und Raumbegriffe. Kant (1724-1804) hat daher eine falsche Lehre aufgestellt, wenn er behauptet hat, dass die Zeit Zeitanschauung in sich einschließe und dass die Arithmetik die Wissenschaft der reinen Zeit sei, wie die Geometrie die Wissenschaft des reinen Raumes ist. Gerade auf der Unabhängigkeit der Zahl von Zeit und Raum beruht die allgemeine Verwendbarkeit der Zahl.
Arithmetik ist die relativ reinste mathematische Vernunftwissenschaft. Nur bei der Erwerbung desZahlbegriffes bedarf das Kind der Erfahrung und Anschauung. Der erworbene Zahlbegriff entwickelt sich aber nach seinen eigenen Gesetzen auf das reichste weiter.-
Die Zahl ist entweder bestimmt (1, 2, 3 usw.) oder allgemein(a, b, c usw.) Durch die Rechnungsarten entwickelt sich eine Fülle von Zahlarten:positive, negative, ganze, gebrochene, rationale, irrationale, reelle, imaginäre, algebraische, transzendente usw., und es gipfelt der Zahlbegriff jetzt in dem Begriff der komplexen Zahl a +- ib.
Um die Klärung über das Wesen der Zahl haben in neuerer Zeit besonders verdient gemacht: Weierstraß,Dedekind,Cantor und Kronecker. Die Wissenschaft von der Zahl ist die Arithmetik. Sie ist ihrem Wesen nach nicht analytisch wie die Logik, sondern synthetisch und beruht auf einer Art schöpferischer Kraft des Bewusstseins, die Kant nicht ganz richtig mit den Namen `Konstruktion in der Anschauung', bezeichnete.

Die Arithmetik kommt also durch Konstruktion in der Anschauung vorwärts und konstruiert schrittweise immer verwickeltere Kombinationen, um alle möglichen Formen der Zusammensetzung eines Ganzen aus seinen Teilen zu entwickeln.
An das Zählen schließt sich die Addition, an diese die Multiplikation und an diese die Potenzierung an. Rückwärtszahlen, Subtrahieren, Dividieren (Teilen und Messen), Radizieren und Logarithmieren bilden die inversen Operationen. Aus diesen Operationen erwächst alle Gestaltung des Zahlenbegriffs. Die Arithmetik ist unter allen mathematischen Wissenschaften die unentbehrlichste, allgemeinste und grundlegendste.
Pythagoras hat der Zahl sogar metaphysische Bedeutung zu geben versucht und in ihr das Wesen der Dinge gesehen. Doch geschah dies zu Unrecht; denn die Zahl ist ein Begriffsgebilde aber nicht das Ding an sich. (vgl. C. Michaelis, Über Kants Zahlbegriff. Berlin1884.Über Stuart Mills, Zahlbegriff, Berlin, 1888. Max Simon, Didaktik und Methodik des Rechnen -Mathematik und Physik - Unterrichts.

Wörterbuch der philosophischen Begriffe. (Rudolf Eisler, 1904)
Zahl (arithmos, numerus) ist die Heraushebung (Unterscheidung) und Zusammenfassung einer `gleichartigen Mannigfaltigkeit´ zur (Komplexen) Einheit. Sie entsteht durch (primäres) Zählen, d.h. durch wiederholte Setzung der Einheit und Verbindung, Synthesis der Einheitssetzungen. Das Zählen ist ein zeitlicher Vorgang, die (fertige) Zahl hingegen abstrahiert nicht bloß von allem qualitatischen Inhalt,der für sie gleichgültig ist,nicht in Betracht kommt,- sondern auch der räumlich-zeitlichen Bestimmung. Das Zählen kann ebenso gut an Objekten der Außenwelt als an Vorstellungen, Denkakten usw. vorgenommen werden. Es ist seiner Gesetzmäßigkeit unabhängig von der Existenzart des zu Zählenden.
Die Zahlgesetze,wurzelnd im Wesen des Denkens überhaupt gelten daher unbedingt für alle möglichen Inhalte. Sie sind rein formaler Natur. Der Zahlenbegriff hat seine Quelle in der Bewusstseinstätigkeit, ist insofern a priori kommt aber ursprünglich nur am Erfahrungsinhalt zur Ausbildung, durch welche auch weiterhin die Bestimmtheit(Größe) der Zahlen bedingt ist, so dass (teilweise) die Zahl (Anzahl) ein objektives Fundament besitzt. Doch darf deswegen die Zahl noch nicht zu einer metaphysischen Wesenheit hypostasiert werden, wie dies seit den Pythagoreern zuweilen geschehen ist.

1. Philosophische Anfangsgründe der Mathematik

(Nicolai Hartmann, Des Proklus Diadochus philosophische Anfangsgründe der Mathematik, 1909)

1.1. Das Mathematische

1.1.1. Einordnung des Mathematischen

Beim Mathematischen handelt es sich nicht um das was man als das Sein nennt. Auch mit den Prinzipien (Kategorien) des Seins ist es nicht zu vergleichen, mit dem was man dem Sein zugrunde legt. Das mathematische Denken fällt keineswegs mit den zugrundeliegenden Kategorien noch mit dem Sein der Dinge und den Ereignissen zusammen.

Das Mathematische liegt mitten zwischen den Prinzipien und den Dingen. Es ist weder \`einfach und ungeteilt´ noch in \`mannigfaltigen und bunten´ Zusammensetzungen verstreut. Es bewegt sich im Denken und Vorstellen von Begriffen und liegt dem Konkreten fern.

Von den drei Merkmalen (Wesenheiten) hat die erste Einfachheit, Stofflosigkeit und Reinheit. Darin übertrifft sie beide anderen, die des mathematischen Denkens (διανοια), welche die Mittelstellung einnimmt und in der die dinglich - sinnliche Welt, die unterste Stellung innehat. Die Mittelstellung übernimmt die vermittelnde Aufgabe zwischen dem Denken und der Wahrnehmung und führt beide zur Einheit des Erkennen und Erfassens. Die Begründung liegt in der Einheit(μονη) als oberstes aller Prinzipien, die durch nichts beschrieben werden kann. Das Mathematische liegt als Grundkorrelation zugrunde um das Begrenzte(περας) und das Unbegrenzte (απειρον) zu erfassen.

Die Erzeugung des Seins ist ein Hervorgehen (προοδος) aus den Prinzipien. In den Prinzipien liegt nächst dem ersten Moment,dem Insichbleiben(μονη) auch schon die Tendenz zum Hervorgehen. Durch die erstere sind sie identisch, durch die letztere treten sie aus sich heraus und führen zum \`Anderen´, dem ihnen gegenüberliegenden \`Äußersten´(εσχατον), dem konkreten Sein.

Die mathematischen Begriffe sind Sprösslinge des Begrenzten und Unbegrenzten und auf dieser \`mittleren Seinsordnung´ erreichen sie die\`ersten und verborgenen Prinzipien´ und die \`Mannigfaltigkeit´.

Im Mathematischen gehen die Begriffe (λογοι)aus einheitlichem Ursprung hervor und führen - einmal hervorgegangen - ins Unendliche. Das ist auch der Prozess, der in der Zahlenreihe stattfindet. Doch diese \`unendliche´ Zahlenreihe ist nur als ein \`indefinitum´ (Unausdrückbares, Irrationales) gedacht. Diese Leistungen des Mathematischen besteht darin das Unendliche (απειρον) mit dem Dinghaften(περας) zu verknüpfen und die Symmetrie und Gemeinschaft mit den Begriffen(λογοι) herzustellen und damit als exakte Wissenschaft besteht.

1.1.2. Gemeinsames und Prinzipielles

Die Mathematik hat die obersten Prinzipien mit allem Sein gemeinsam. Diese aber sind das Unendliche (απειρον) und das Begrenzte (περας), welche im strengen Sinn die 'Urprinzipien' (κοιναι αρχαι) sind. Überhaupt liegen die ersten und allgemeinsten Prinzipien nicht im Mathematischen, sondern gehen über sie hinaus ins Denken.

Hierher gehört auch der allgemeinmethodische Grundsatz, dass der Weg aller Forschung von dem Bekannteren zum Unbekannten und Gesuchten geht, nämlich in zwei Verfahrensweisen, dem der Analyse und der Synthese. Immer bieten die höheren Wissensbereiche den unterstellten die ersten Grundlagen der Beweisführung. Denn die ersten Prinzipien (αρχαι) sind die Grundlage des Beweises. Als Kriterium des Mathematischen muss die Sphäre der Erkenntnis angesehen werden, die imstande ist den mathematischen Inhalt anzugeben.

Wenn das Mathematische durch das 'Dinghafte' und 'Sinnliche' bedingt ist und von diesem seine Seinsnatur her haben soll, so muss das Bewusstsein die Zahl, den Kreis und das Dreieck, um nur einiges zu nennen, 'sekundär' in sich bilden, durch Abstraktion oder Reduktion oder Ansammlung des Einzelnen zum allgemeinen Begriff. Dann taucht aber unausweichlich die kritische Frage auf, wie ein solcher Ursprung den Grundzug des mathematischen Denkens zustande kommt.

Wo ist im Sinnlichen das 'Teillose, Flächenlose und Tiefenlose', die 'Gleichheit der Radien, die feststehenden Gesetze der Dreieckseiten, die Rechtheit der Winkel'. Man muss wohl oder übel seine Zuflucht zu anderen Alternativen nehmen, wie zum Dinghaften, wenn nicht die Sinne es sein können, die das Mathematisch-exakte rechtfertigen. So muss es das Bewusstsein in irgendeiner ureigenen Leistung sein. Man hat demnach notwendig so zu verfahren, dass man das Bewusstsein zugrunde legt, und zwar als das Erzeugende der mathematischen Begriffe.

Damit ist die Begründungsweise des Mathematischen 'von unten her' widerlegt. Eine weitere Beweisführung geht von dem Grundsatz aus vom Allgemeinen her auf das Einzelne zu schließen. Wenn die allgemeinen Sätze der Mathematik aus dem 'Dinghaften, Sinnlichen' begründet werden sollen, so müssten sie aus dem 'Besonderen' als übergeordnetes Prinzip sich ableiten lassen. Dann müssten sie aber selber allgemeine, erste Prinzipien sein. Was aber ein Widerspruch in sich selbst ist. Also kann die Begründung des Mathematischen nicht im 'Einzelnen und Besonderen' liegen. Denn die Obersätze der Beweise sind das Begründende und der Grund dem Bewiesenen gegenüber. Daher ist es ausgemacht, dass das Mathematische weder vom Materiellen abstrahiert, noch aus lauter Einzelheiten zusammengewürfelt, noch vom Sinnlichen hergenommen werden kann.

1.1.3. Vom Urgrund des Mathematischen

Es fragt sich woher das Mathematische stammt. Entweder hat die Seele (ψυχη) das Mathematische aus sich selbst, oder sie hat es aus dem Verstand (νους) beziehungsweise aus beiden. Doch da Proklus zwischen νους der obersten Ebene und ψυχη der mittleren Ebene unterscheidet,kann nur die Seele in Betracht kommen. Die Seele muss aber ihren Inhalt aus dem Verstand 'als Abbild'erhalten, doch das Mathematische ist grundverschieden vom erscheinenden Dasein, welches 'körperlich und ausgedehnt' ist und ein geordneter Kosmos (διακοσμος).

In diesem ist die Zahl nicht nur eine Menge von Einheiten und Idee des Ausgedehnten, sondern sie tritt erst ein, wo Dinge gezählt und gemessen werden. Nicht auf ein fertiges Zugrundeliegendes komme es an, sondern auf ein erzeugendes Zugrundelegen.Diesen Seinscharakter findet Proklus in seine mathematischen Ausführungen. Und in dieser rein logischen Methode ist das Spontane der Denkleistung zu verstehen.

Es ist für die Methode der Hypothese(υποθεσις) charakteristisch,dasjenige was sie zugrunde legt, nicht einer gesicherten und begründeten Ableitung entnimmt, sondern erst das Zugrundelegen vollziehbar machen will. So kann das Zugrundegelegte bestenfalls ein'vorweggenommener Inhalt'sein, also eine sogenannte Antizipation.

Dieses methodische Verfahren entspricht auch genau dem sachlich - logischen Grundverhältnis: damit das zu Begründende denkmöglich werde, ist bereits das Zugrundegelegte als Antizipation dieVorbedingung.So muss es sein, wenn das Hypothetische wirklich ernst genommen werden soll. Und in diesem Lichte dieser Methode besteht ein rein logisches Verfahren und hat keineswegs etwas mit einem metaphysischen Nebensinn zu tun.

Gerade im Problem der Mathematik wird das dialektische Gefüge der Grundbegriffe sein und gewinnt einen schlichten und sachlich - logischen Sinn. So ist auch die 'Unendlichkeit' eine einfache Konsequenz der logischen Notwendigkeit, den unendlichen Prozess der Wissenschaft zu begründen. Denn diese Unendlichkeit ist unbestreitbar, und es zeugt von wirklichem Tiefblick in das logische Wesen der Mathematik.

Sollte das 'Wissenschaftliche' aber begründet werden, so muss es schon in jenem Prinzipiellen enthalten sein, welches der Inhalt der 'ursprünglichen Antizipation' war.

1.2. Die mathematische Methode

1.2.1. Das Geistige (νοεσις) und die Wahrnehmung (αισθησις)

Nach welchen Erkenntnismitteln geht die Mathematik vor? Dabei handelt es sich um ein forschendes Fortschreiten der mathematischen Erkenntnis selbst. Diese umfasst als die 'mittlere'unter den Seinsarten ein großes Gebiet der Ausdehnung. Zwei Wege beschreitet die mathematische Erkenntnis, die einander entgegengesetzt verlaufen und dennoch sich gegenseitig decken,denn sie ist ja durch ihre Mittelstellung gleichzeitig 'von oben'und 'von unten'auszugehen genötigt. Solange es sich darum handelt,den Seinscharakter zu bestimmen, lässt es sich von der aufsteigenden Richtung absehen. Hat doch die Mathematik ihre Prinzipien oberhalb,und nicht unterhalb ihrer selbst, im νους und nicht in der αισθεσις. Wenn aber die Mathematik ein konstituierendes Verhältnis zu ihren eigenen Prinzipien hat, und rückwärts schließt, muss sie die aufwärtsgehende Hinführung zu den Prinzipien leisten. Damit hat die Mathematik ihre eigenen Prinzipien selbst zu setzen, aber die letzte Rechenschaft über sie schuldig bleibt.
Wenn aber neben der absteigenden auch die aufsteigende Methode gelten soll, muss diese auch berücksichtigt werden. Beide Methoden müssen das ganze Gebiet des Mathematischen umspannen und durchziehen. Folglich muss auch die aufsteigendeMethode nicht nur Hinführung auf die oberste Grundlegung sein, sondern muss ebenso in den unteren abgeleiteten Teilgebieten ihre Aufgabe erfüllen. Sie muss also von der Wahrnehmung der Sinne ausgehen um von ihr weiter und weiter hinaufzuführen, bis sie die ersten Anfänge erreicht,und von denen ausgehend die andere,absteigende Methode ihren Weg nimmt. In dieser doppelten Methode hat die Mathematik den beiderseitigen Zusammenhang von Denken und Wahrnehmung herzustellen.
Den Sinn dieser zweiten Methode genau zu erfassen heißt es um sich zurecht zu finden. Es handelt sich um das Kriterium und um das Geben der Prinzipien,diese sind es, die nicht von der Wahrnehmung herkommen können.Aber in der Methode des Aufsteigens handelt es sich nicht um ein Herleiten aus den Prinzipien. Es soll umgekehrt auf diese hingeführt werden, um sie aus den Problemen selbst zu erfassen. Es wird also mit dem Abhängigen begonnen im logischen Bewusstsein, dass es das Sekundäre ist.
Wenn aber von ihm aus der Antrieb zum Aufstieg 'nach oben' nicht gäbe, so wäre es vergebens das Gebiet der Erkenntnis nachträglich vereinigen zu wollen. Die reine νοεσις hat es nur mit den ewigen Urbegriffen (λογοι) zu tun, aus deren Identität sie selbst den Charakter des Einen (μονη) gewinnt. Die Wahrnehmung (αισθησις) ist das Gegenstück dazu und ist keiner bleibenden Bestimmung fähig, weil sie die Ursachen (αιτια) des Erkannten nicht besitzt.

1.2.2. Die Bewegung bei der mathematischen Forschung

Für die mathematischeErkenntnis hat ihre Mittelstellung durch den Charakter des `Ausrollens´ oder `Entfaltens´ eine besondere Bedeutung. Es ist die lebendige Entfaltung der Forschung (ζητησις) oder des Suchens, in der das Denken begriffen ist, u. in der das Körperlose umfasst wird. Und bei diesem Suchen, treten beide entgegengesetzte methodischen Richtungen hervor. Denn das wissenschaftliche Forschen darf nicht einseitig durchgeführt werden, sonst handelte es sich bloß um eine Ableitung aus Oberbegriffen. Sondern es muss vom Vorhererkannten zum Gesuchten fortschreiten, dann aber von dem Gesuchten aus zu dem, was der Erkenntnisart nach vorausgeht.

Die Eigenschaft der absteigenden Methode kommt von den Prinzipien des νους, die aufsteigende von der Fülle der Spezialfragen der αιστεσις her. Und weil die Endpunkte zusammenfallen; das heißt auf jeder Stufe muss sich beides decken. In dieser methodischen Korrelation, sowie in der Identität des Problemgehaltes, liegt die tiefgreifende Bedeutung der mathematischen Erkenntnisart.

Die beiden durchgehenden Methoden, wie sie sich im mathematischen Denken entfalten, reichen mit ihren Endgliedern nach oben in das Gebiet der reinen Prinzipien,d.h. in die Philosophie im engeren Sinn hinein,nach unten in das Gebiet des Daseins, oder der Natur. So besitzt die Mathematik jene hinführende und voraussetztende Bedeutung für die Philosophie wie es Proklus darlegt, und errechnet die mathematisch verfahrenden Teile der Physik zur Mathematik. Nach ihm geht das Angewandte aus dem Prinzipiellen hervor und das wissenschaftlich Konkrete aus dem Bestimmenden.

1.2.3. Mathematische Wissensgebiete und Methode

Proklus unterscheidet vier Methoden, die gemeinsam der Dialektik entspringen, und in denen das ganze Wissensgebiet der Mathematik sich aufbaut: Die 1analytische oder hypothetische,die 2diäretische oder einteilende, die 3horistische oder definierende und die 4apodiktische oder beweisende.Alle diese vier Methoden sind ureigene Mittel des dialektischen Denkens.Von diesen sind die aufsteigende und absteigende Methoden zuvor behandelt worden.

Die diäretische (einteilende) muss notwendig mit der apodiktischen (beweisenden) Hand in Hand gehen, weil alles Beweisen, die Übertragung der allgemeinen Gesetzmäßigkeit auf die besonderen Probleme beruht. Es ist die absteigende Methode. Bei der definierenden Methode wird von den Beispielen auf das Gemeinsame (Zusammenschauen) des allgemein verstandenen Begriffs hingeführt.

Um diese Allgemeinheit der Definition einzubringen muss zuvor eine Grundlegung gemacht werden. Das ist die Stelle, in welchem die definierende Methode mit der analytischen zusammenhängt und in diese einmündet.
Hierbei weist Nicolai Hartmann auf bei dem es Proklus nicht gelungen ist seine eigene Grundrichtung durchzuführen. Er erkannte richtig, dass die analythische Methode der apodiktischen ebenso entgegengesetzt ist wie die diäretische. Den umgekehrten Zusammenhang der horistischen und analythischen Methode, d.h. ihre gemeinsame Richtung des Aufstieges hat Proklus nicht erkannt. Vielmehr setzt er die horistische Methode in engeren Zusammenhang mit der diäretischen und apodiktischen, d.h. mit der absteigenden Richtung.
So bleibt bei Proklus das Wesen der Definition unerkannt,wie es ähnlich auch schon bei Aristoteles unerkannt geblieben war. Es hätte sich bei der richtigen Einschätzung der hypothetischen Methode zeigen müssen, dass nicht nur jeweils zwei von den vier Methoden einer einheitlichen Grundmethode angehören, sondern dass auch die beiden Unterteile der letzteren sich je paarweise ergänzen und so zwei parallele Unterkorrelationen bilden.
Wenn auch die Durchführung `nach unten´ nicht geleistet wurde, so muss doch hervorgehoben werden, dass er `nach oben´ zum Prinzip den vollen Zusammenschluss zurEinheit der mathematischenMethode gefunden hat. Eine solche ist nach Proklus zunächst nur die Einzheit der ganzen Mathematik, sofern sie die Prinzipien aller speziellen Wissenszweige einheitlich in sich enthält und die Gemeinschaft und den Unterschied derselben in Betracht zieht. Und zu dieser Einheit führt zunächst der Aufstieg den `methodisch Lernenden´. Weiter hinauf ist die Dialektik ein Zusammenschluss (συνδεσμος) aller Mathematik. Diese vollendet erst das Ganze und wendet das Denken zum νους hinauf gemäß ihrer eigenen Methode. Und dieser selbst wiederum ist an dritter Stelle Einheit, und zwar die abschließende und oberste, in welcher alle dialektischen Methoden einmünden. In ihm findet also die Zurückwendung alles dialektischen Hervorgegangenen zur ursprünglichen Einheit statt, aus der Urkraft die Mathematik ihr`ursprungartigen Antizipationen´macht. Diese Einheit bindet`von oben her ´die ganze Durchführung der mathematischen Begriffe und ist das Endziel und das Höchste des aufwärtsführenden Weges und damit zugleich der erkennenden Energie überhaupt.

Am meisten ist dem Lernenden das Axiom verständlich und zugleich `an sich selbst' gewiss, wie der Satz, dass, was ein- und demselben gleich ist, auch einander gleich ist. Dagegen soll die Hypothese zwar aus sich selbst gewiss, aber nicht verständlich sein, - wie z. B. der Satz, dass der Kreis eine so und so beschaffene Figur sei. Das ist schließlich weder einleuchtend noch gewiss, wird aber dennoch angenommen, weil es für das Folgende nötig ist, - wie der Satz, dass alle rechten Winkel gleich sind.
Es ist klar, dass hiernach den Axiomen die erste Stelle zukommt, jedenfalls besitzen sie mehr Erkenntniskraft als die Hypothese. Es sind diejenigen Prinzipien, die über den Bereich einer Wissenschaft hinausreichen und so für mehrere zugleich als Prinzipien dienen.

2. Philosophie der Zahl

2.1. Wesen der Zahl

In das Mathematische gehört neben der Zahl auch die Geometrie. Doch letztere wird ontologisch gesehen zur Kategorie des Raumes gezählt. Die Zahl hingegen ist inhaltsleer und nur ein Verhältnis von Maß und Größe. Zudem ist sie auch eine Theorie der negativen Größen, der imaginären und komplexen Zahlen u.a.
Sie behandelt die Gegensätze von `Eines und Vieles',`Teil und das Ganze' sowie `Endliches und Unendliches'. Aber die Zahlenreihe geht selbst in diesen drei Merkmalen nicht auf. Auch im Gegensatz des Rationalen und Irrationalen hat die Zahl eine Eigenheit.
Die Zahl ist auch nicht nur im Denken vorhanden, weil das Zählen ein Verfahren des Verstandes ist, denn die Anzahl der Dinge besteht auch ohne das Zählen. z. B. Die Anzahl der Atome der Erde kann man wohl abschätzen, aber das innere Gleichgewicht, Gestalt, Schichtung und Bewegung besteht auch unabhängig von der Zahlenberechnung.Die Voraussetzung der klassischen Physik, dass alle Prozesse kontinuierlich ablaufen wurde in der Quantentheorie widerlegt. Es gibt sogar Quanten der Energieabgabe, die sich nicht mehr teilen lassen.

2.2. Zahlenreihe und Vielheit

Die Zahlenverhältnisse fassen wir nur im reinen Denken. Aber die Zahl darf man nicht mit Begriffen gleichsetzen, weil Begriffe keinen quantitativen Charakter besitzen, nicht größe und kleiner sein können, auch um den logischen Umfang geht es bei der Zahl nicht. Selbst alle speziellen Dimensionen wie Raum (Länge, Breite, Höhe) und die Zeit liegen der Zahl zugrunde, sind zwar Kategorien, doch keineswegs die Zahl. Auch ist die Zahl ebensowenig Sache der Anschauung wie die des Begriffes.

Die Dimension der Zahlenreihe ist wie jede Dimension, eine sich ausbreitende, ihre quantitative Mannigfaltigkeit ist aber eine begrenzte von Zahl zu Zahl. Es ist der Gegensatz auf dem sie aufbaut, der des Einen und des Vielen. Die Eins stuft sich nicht ab, dagegen stuft sich das Viele entsprechend immer wieder ab. Die Vielheit beruht auf ständiger Wiederholung der Eins. Diese Wiederholung aber macht noch nicht die bestimmte Zahl aus. Dazu gehört außerdem die Zusammenfassung der Einheit zu einem Ganzen. In der Zahl ist die Einheit Teil, sie selbst ist aber die Ganzheit der Teile.
Und dieser Ganzheitscharakter ist das Wesentliche an ihr. Denn die Einheiten in ihr sind ohne Unterschied, ihr Aufbau beruht nicht auf deren Anordnung oder Reihenfolge. Und so ist es auch möglich, dass jede Zahl selbst wieder zur Einheit der Vervielfältigung wird. Die Ganzheit befähigt sie dazu z. B. in der Zahl 10 ist jede Einheit so gut wie die erste, wie die Zehnte, denn nimmt man sie weg, so sind es nur 9 und die 10 ist verschwunden.

2.3. Unendliches und Kontinuum der reellen Zahlen

Die Reihe der endlichen Zahlen geht ins Unendliche, weder vorwärts noch rückwärts gesehen. Diese Unendlichkeit des Fortganges ist nicht die Zahl selbst, sondern die der Reihe selber. Vom Ganzen der Zahlenreihe aus gesehen, ist der Bereich der Endlichkeit in ihr nur ein Ausschnitt, zu beiden Seiten des Nullpunktes, der ohne Grenzen ins Unendliche reicht. Das Wesentliche an der transzendenten Zahl ist, dass zwischen ihr und der Eins kein gemeinsames Maß besteht.
Blickt man auf das Ganze der Zahlenreihe, so erweist sich das System der endlichen Zahlen als unfähig,die Reihe auszufüllen.Erst die transzendente Zahl füllt die Lücke zum Ganzen aus. Dass das so ist, beweist die Tatsache, dass die Näherungswerte an eine transzendente Zahl ihr zwar immer näher kommen aber sie dennoch nicht erreicht.
Die Infinitesimalrechnung verfolgt den Zweck die kleinsten Größenunterschiede mathematisch fassbar zu machen. Es ist immer wieder mit Recht betont worden,dass die Mathematik nicht mit dem Unendlichkleinen rechnet. Aber sie kalkuliert es ein und setzt es in seiner Unberechenbarkeit schon im Ansatz ihrer Gleichung voraus. Dass das Gesetz des Endlichen sich im Unendlichen enthält ist von der mathematischen Überlegung her ein Postulat, aber beweisen lässt er sich nicht. Er erhält seine Bestätigung nur dadurch, dass die Rechnung, deren Ansatz unter seiner Voraussetzung gemacht wurde, zu Resultaten führt, die innerhalb gewisser Fehlergrenzen sich an den Realphänomenen bestätigen lässt.

Der infinitesimale Bau der Zahlenreihe, der im Phänomen der transzendenten Zahl anschaulich wird, wäre nun von geringer ontologischer Bedeutung, wenn es dabei nur um das System der Zahlen selbst, seine Gesetze und die Grenzen der Rechnung ginge. Denn so rein in sich betrachtet, hat dieses System keinen weiterene Inhalt, es ist die reine, leere Quantität, die noch nicht Quantität von etwas ist. Alle Verhältnisse, die es umfasst, spielen nur in der idealen Sphäre; und gerade an der Gleichgültigkeit dieser Verhältnisse gegen allen realen Inhalt ist der Charakter des idealen Seins als solcher fassbar.

Aber es geht hier keineswegs um das Zahlensystem selbst. Wie die Entdeckung des Zahlenkontinuums an gewissen Problemen der Geometrie und der Mechanik haftete, so ist umgekehrt zu sagen, dass allgemein der Aufbau der Größenverhältnisse in Raum und Zeit, also auch der von der Bewegung, Geschwindigkeit und Beschleunigung, bereits auf dem Prinzip der kontinuierlichen Größenänderung beruht. Es geht also im eminenten Sinne um Realverhältnisse,und zwar gerade um diejenigen, in denen überhaupt die Quantität des Seienden ihre größte konstitutive Kraft entfaltet. Die Bestätigung aber berechtigt nun ihrerseits dazu, das Vorausgesetzte als das eigentliche Grundmoment der in Frage stehenden Realverhältnisse anzusehen.

Die Paradoxie daran ist nicht aus der Welt zu schaffen. Die Bewegung in einem Zeitpunkt steht still;dennoch soll sich die Geschwindigkeit aus Größen der Beschleunigung aufbauen, die im Zeitpunkt einsetzen und selbst keine eigentlichen Größen mehr sind. Die Strecke der Kurve im Raumpunkt wird gleich 0, aber ihre Richtung soll sie auch im Punkte behalten, und die Größe der Richtungsänderung soll gerade im Punkte einsetzen.

Aber die Paradoxie besteht nur für die Anschauung.Das begreifende Denken sieht relativ leicht ein, dass so etwas nicht nur grundsätzlich möglich ist, sondern auch im Realen wirklich sein muss, wenn anders die Bewegung der Massen im Raum, die Beschleunigung, die Bahnen der Umläufe und der stetige Wechsel der Bahngeschwindigkeiten Realität haben soll. Jener beispiellose Erfolg beruht auf einer Annäherung an die wirklichen Seinsverhältnisse, wie sie die Anschauung und der mit endlichen Größen rechnende Verstand nicht aufbringt.Das Kontinuum der Größenänderung ist eben ein unanschauliches. Es zu erfassen kann nur in der Entfernung von der Anschauung gelingen. Aber Entfernung von der Anschauung ist nicht Entfernung vom Realen.

2.4. Aporie und Dialektik des Unendlichen

Das Unendlichkleine und das Unendlichgroße bilden einen streng zusammengehörigen Gegensatz. Das was sie zusammenschließt ist das der `Unendlichkeit'. Immer handelt es sich um die unendlichgroße Menge des `Unendlichkleinen'. Kategorial gesehen liegt ein prinzipieller Unterschied nur darin, dass es sich im Unendlichkleinen stets um den Teil, im Unendlichgroßen aber um die Ganzheit handelt;denn die Allheit der Teile macht das Ganze aus. Die eigentliche Unendlichkeit im potentiellen Unendlichen ist in Wahrheit die aktuelle. Der progressus infinitus ist ja kein Realprozess; er gerade spielt nur in den Gedanken statt. Im `Sein' dagegen sind die entsprechenden Reihen immer vollständig erfüllt;hier herrscht ein Gesetz der Ganzheit, das vollkommen gleichgültig gegen die Unvollständigkeit des Denkens und der Berechnung dasteht. Das Unendliche - als das aktuelle nach beiden Richtungen verstanden (U;1/U) - steht vollkommen einwandfrei da, ohne Aporien und Antinomien, auch durchaus ohne anhaftende Dialektik. Alle Schwierigkeiten, auf die man im Laufe der Jahrhunderte bei seiner Fassung stieß, gehört der Anschauung und dem von der endlichen Zahl herkommenden Denken. Das Unendliche aber besteht garnicht im Denken, sondern im Sein.

2.5. Rechnung und Berechenbares

Das Errechnen ist nicht jedem beliebigen Bewusstsein gegeben. Zu den besonderen Erfolgen der exakten Wissenschaft hat das Begreifen einen weiten Weg. Auf diesem Weg muss es die ihm zunächst fremden Prinzipien der Mathematik erst zu den seinigen machen und sie anwenden lernen. Das Festhalten an der Anschauung und selbst des Verstandes am Endlichen ist nur eines von mehreren unterscheidenden Momenten.Wichtiger ist schon, dass auch die ganzzahligen Verhältnisse der Anschauung nur in sehr engen Grenzen zugänglich sind. Über diese Grenzen hinaus greift schon das einfachste Rechnen zu künstlichen Hilfsmitteln, z. B. zur übersichtlichen Darstellung der Zahlen in einem Stellensystem. Und von einer gewissen Grenze ab - z.B. im Rechnen mit dem Logarithmus ist diese längst überschritten - und versagt sie gänzlich. Die kategorialen Mittel des Begreifens gehen im Bereich des Quantitativen über die der Anschauung dadurch hinaus, dass es bestimmte Kategorien des Seienden, die verschlossen sind, zu den seinigen macht und mit ihnen wie mit methodischen Mitteln operieren lernt. Dahin gehören vor allem die Kategorien des Unendlichen und der quantitativen Kontinuität. Aber auch die Ganzheit gelangt erst im Begreifen zu voller Entfaltung, wie das Prinzip der Reihensumme und des Integrals lehrt.In gewissen Grenzen gilt das auch von der Vielheit und von der Teilung denn in beiden liegt schon der Fortgang ins Unendliche.

Noch merkwürdiger ergeht es der Anschauung mit dem Kontinuum.Kann man eigentlich sagen, das gleichmäßige Fortlaufen einer Bewegung (etwa bei einer rollenden Kugel)oder die gleichmäßige Beschleunigung wäre nicht anschaulich gegeben? Es scheint also, gerade das Begreifen versagt vor dem Kontinuum,während dieAnschauung es ohne Schwierigkeit fasst. Aber auch das trifft nicht zu. Die Anschauung vielmehr gleitet über den Gegensatz von diskret und kontinuierlich ganz hinweg. Sie fasst die Diskretion nicht,wenn der Wechsel der Stadien zu schnell ist (z.B. der Wechsel der Bilder im Ablauf eines Filmes)oder wenn die Unterschiede zu klein sind;sie nimmt von einer gewissenGrenze ab das fortlaufend Unterbrochene für ebenso stetig wie das stetige Ablaufen.
Sie hat also sehr wohl eineVorstellung der Kontinuität,aber diese Vorstellung erfasst nicht das wirkliche Kontinuum. Auch das Denken kann es nur abstrakt in die Überlegung einbeziehen; es wirklich zu verfolgen, ist es so wenig imstande, wie eine aktuelle Unendlichkeit zu durchlaufen. Wirklich vorhanden ist das Kontinuum nur im Sein.
Im idealen Sein liegt es als quantitatives Grundmoment aller diskreten Größe schon zugrunde. Im realen liegt es nur dimensional zugrunde. Die realen Prozesse aber sind je nach ihrer inhaltlichen Artung stetig oder gequantelt. In beiden Fällen bewegt sich das mathematische Erfassen des Vorganges nur in Annäherungen. Hieran wird sehr einleuchtend klar, wie weit doch bei allen Übereinstimmungen dasAuseinanderklaffen der Seins- und Erkenntniskategorien in dem Gebiet der Quantität geht.Es zeigt sich, dass selbst hier - im Zentralgebiet des Apriorismus - die kategoriale Identität von Hause aus nur eine minimale ist, wie sie sich aber unter dem wachsenden Druck der Probleme ganz beträchtlich erweitert. Wenn irgendwo, so ist es hier greifbar, wie der kategoriale Bestand der menschlichen Erkenntnis kein fester, sondern ein beweglicher ist, wie es ein Druchdringen neuer Kategorien ins Bewusstsein gibt, auf dem der geschichtlich langsam schreitende Prozess einer Anpassung des Erkenntnisapparates an das Seiende beruht.Aber eines ist hierbei nicht zu vergessen. Lange nicht alles, was der Entdeckerimpuls des mathematischen Geistes herausbringt, und womit er sich dann sogar durchsetzt, ist echtes kategoriales Gut. Das meiste davon gehört durchaus der Methode an, ist Sache des Denkens, Kunstgriff des Bewusstseins zur Bewältigung seiner Aufgaben. Auch darin freilich steckt mittelbar die Annäherung an das Seiende, aber es bleibt doch der Umweg in Ermangelung der Möglichkeit des direkten Zugriffs.Die Technik desKunstgriffes geht nun aber in der Mathematik doch sehr weit. Sie beschränkt sich nicht auf so einfache Mittel wie die Umkehrung.Man sucht z.B. nach der an sich unabhängigen Variablen, macht sie aber in der Rechnung zur abhängigen, weil das Gegebene auf der Seite der an sich abhängigen liegt.

Das ist die allgemeine Bewegungsfreiheit der Erkenntnis dem Seienden gegenüber und gleichsam ihr Vorrecht als geistiges Sein. Die Kunstgriffe des Rechnens fangen auch keineswegs erst in der höheren Mathematik an, sie liegen schon den einfachen arithmetischen Operationen zugrunde. Man bedenke, was das dekadische System für das bloße Addieren und Multiplizieren bedeutet.Dieses System besteht freilich nicht in derSchreibweise allein, wobei die Stellenordnung der Reihe der Potenzen von 10 bedeutet; es ist vielmehr die Darstellung der Zahlen in einem Ordnungszusammenhang von Symbolen, in dem die Rechnung sich mit erstaunlicher Leichtigkeit bewegt. Aber mit dem Aufbau der Zahlenreihe selbst hat dieser Ordnungszusammenhang nichts zu tun. Die Zahlenreihe lässt sich ebensogut in Potenzen einer anderen Basis darstellen. Und überhaupt,alle Darstellung ist ihr äußerlich. Ja, auch alles Rechnen ist ihr äußerlich. Rechnung gibt es nur im Denken;aber dasZahlensystem ist etwas jenseits des Denkens und unabhängig von ihm Bestehendes.Die quantitativen Verhältnisse selbst, die dieses System ausmachen, bedürfen nicht der Rechnung. Sie sind das Berechenbare, auf das die Rechnung hinaustendiert. Und in noch höherem Maße gilt das von den Realverhältnissen, sofern sie quantitative sind.

Die Naturerscheinungen richten sich nicht nach der Rechnung; kein rechnender Verstand liegt ihnen zugrunde - wie man das freilich oft spekulativ ausgemalt hat -, die menschliche Rechnung aber, in der wir allererst diese Verhältnisse kennenlernten, ist nicht als das nachträglliche Vorgehen des begreifenden Denkens, um sie zu erfassen. Dieses Vorgehen als solches ist die unerschöpfliche Domäne der Kunstgriffe. Das alles lässt sich leicht belegen,auch gerade schon im Elementarmathematischen. Sehr anschaulich wird das Verhältnis zwischen den Zahlen selbst und dem dekadischen System, wenn man sich klarmacht, dass die Reihe der Primzahlen unabhängig von diesem System besteht und unverändert in jedem anderen wiederkehrt ebenso wie die Reihe der Quadratzahlen, der Kubikzahlen und aller anderen Potenzen. Aber das Gleiche wie vom dekadischen System gilt auch von anderen Kunstgriffen, z. B. von der algebraischen Verallgemeinerung,von der Gleichung und ihren Transformationen,von der Funktion u.a.m.

Was die letztere anbelangt: dass zwei Variable in einem durchgehenden Abhängigkeitsverhältnis stehen, ist gewiss kein Kunstgriff; das ist das Reelle an der Funktion, das, womit sie an das Kontinuum der Größenänderung herankommt.

Aber die Art, wie die Funktion die Werte der einen aus denen der anderen zu berechnen gestattet, ist Sache des Verfahrens. Und dazu stimmt es, dass die Richtung der Abhängigkeit, die im Seinsverhältnis unvertauschbar ist -

denn sie hängt an den besonderen Determinationsverhältnissen des Realen, in der Rechnung je nach der Lage des Gegebenen sich ändert. Wie das Erfassbare auf allen Gebieten seine Grenze im Unerfassbaren findet - denn der Gegenstand macht vor der Reichweite des Erfassens nicht halt-, so findet auch das Berechenbare überall seine Grenze im Unberechenbaren.Und diese Grenze ist zugleich die des mathematischen Apriorismus überhaupt. Sie ist aber nicht die Grenze des Quantitativen im Aufbau der realen Welt, sondern nur die einer bestimmten quantitativen Gesetzlichkeit (der mathematisch fassbaren Gesetzlichkeit).
Für die Grenzen des mathematischen Apriorismus aber sind zwei weitere Arten der Unberechenbaren wichtiger. Nicht alles in der anorganischen Natur ist quantitative Bestimmtheit;auch hier vielmehr ist das Qantitative nur eines unter mehreren Grundmomenten, und zwar keineswegs das fundamentalste. Alle Quantitätsbestimmung hängt hier schon an gewissen 'Substraten' und hat durch sie erst ihren Realitätscharakter. Es handelt sich eben nicht um leere Größenverhältnisse,sondern um solche der räumlichen Ausdehnung, der zeitlichen Dauer,der Bewegung, Geschwindigkeit, Beschleunigung, Masse, Kraft, Energie. Nicht darauf kommt es an,ob diese 'Träger' der Quantität echte und letzte Substrate sind, wohl aber darauf, dass sie Substrate relativ auf die quantitativen Verhältnisse sind. Denn diese allein sind das Berechenbare, das ihnen zugrunde liegende Wesen von Masse, Kraft, Bewegung, Prozess usw. ist und bleibt unberechenbar. Es ist auch im Sinn der mathematischen Formeln, Gleichungen und Funktionen stets schon vorausgesetzt. Die Bedeutung der Symbole (m,c,t,g...) ist aus keinem Größenverhältnis herauslesbar, man muss sie schon miteinführen, um die Formeln zu verstehen. Die zweite Art des Unberechenbaren hängt also an den inhaltlichen Substraten der Rechnung selbst, und zwar mitten in demjenigen Seinsgebiet, das die höchste Berechenbarkeit aufweist. Ontologisch genauer kann man das so ausdrücken. Das eigentliche Berechenbare bleibt auch hier der Rechnung transzendent,und darum ist es nur mit einer Seite seines Wesens der Rechnung zugänglich; die andere Seiten aber sind und bleiben in aller Rechnung das Unberechenbare.
Es gibt aber auch noch eine dritte Art des Unberechenbaren. Sie liegt nicht im Unmathematischen - weder in dem der unbelebten Natur, noch über diese hinaus in höheren Schichten -, sondern im Bereich des Mathematischen selbst. Nicht alle an sich mathematische Bestimmtheit ist berechenbar, wenigstens nicht von den Gegebenheiten aus,die dem Menschen vorliegen,und nicht mit den Mitteln seines rechnenden Verstandes.

Es gibt viele mathematischen Probleme im Bereich der Physik, die nur unter bestimmten vereinfachenden Annahmen lösbar sind (z.B. das Dreikörperproblem), wobei aber die Annahme stets eine Fehlerquelle bildet. Es gibt weitere quantitative Verhältnisse,die sich nur im Überschlag nach Methoden der Statistik errechnen lassen, wobei erst recht Annahmen über das durchschnittliche Verhalten der kleinsten Elemente nötig werden. Das Unberechenbare in diesem Sinne hängt an den Grenzen des rechnerischen Verfahrens selbst. Und was die Unregelmäßigkeit im Verhalten der kleinsten Elemente angeht, so kann es allerdings sein, dass hinter ihr eine Gesetzlichkeit steht, die wir bloß nicht kennen. Das Unberechenbare der dritten Art bildet die eigentlich innere Grenze der Rechnung und des mathematischen Apriorismus überhaupt. Aber sie ist eine weitgesteckte Grenze, und sie schmälert die einzigartige Schlagkraft der exakten Wissenschaft auf ihrem Gebiete keineswegs. Denn trotz aller Einschränkung ist doch auf keinem anderen Gebiete das Kategorienverhältnis ein so günstiges wie hier, und nirgends reicht die Erkenntnis a priori auch nur annähernd ebensoweit.

2.6. Grenzen des Mathematischen

2.6.1. Grenzen in den Substraten der Größe

Was die neuzeitliche Naturwissenschaft so groß gemacht hat, ist ohne Zweifel in erster Linie das mathematische Gerüst, das sie sich erarbeitet hat. Fassbarkeit und Berechenbarkeit gehen hier eng zusammen, Gesetzeserkenntnis und mathematischeFormel lassen sich durchaus nicht trennen. Der Grund dieses Verhältnisses ist kein erkenntnistheoretischer,sondern ein ontologischer: die Verhältnisse,Vorgänge und Gebilde der Natur sind eben selbst quantitativ geordnet, sie enthalten mathematische Struktur und Gesetzlichkeit. Und da diese Seite an ihnen die dem menschlichen Verstand fassbarste ist, so hängt an ihr die wichtige Chance, in die Naturverhältnisse einzudringen.

Kategorial ausgedrückt: die im Naturgegenstand enthaltenen mathematischen Kategorien sind es, an denen der einzigartige Aufschwung der Naturwissenschaften in der Neuzeit und das Geheimnis ihrer Exaktheit hängt.Aber ebendeswegen stehen diese Wissenschaften auch in derVersuchung,die Seite der Zugänglichkeit und der großen Erfolge für das Ganze ihres Gegenstandes zu halten und diesen geradezu in mathematischenVerhältnissen aufgehen zu lassen. In Wirklichkeit ist man so weit gegangen: wirklich ist was messbar ist. Die verhängnisvolle Enge einer solchen verrät sich schon darin, dass die Messbarkeit nur innerhalb der anorganischen Natur als durchgehend besteht, schon am Organismus nur äußerst beschränkt und an den höheren Schichten des Realen ganz versagt.

Weit wichtiger aber ist es,dass auch der Gegenstand der exakten Wissenschaft selbst in der mathematischen Struktur nicht aufgeht. Es liegt im Wesen der Quantitätsbestimmung, das sie die Quantität 'von etwas' ist. Es muss immer ein Substrat der Quantität vorhanden sein, sonst ist sie Quantität von nichts,ein inhaltleeres Größenverhältnis ohne Realität. Die Substrate selbst aber sind etwas ganz anderes, sie sind die Medien der Dimensionen,in denen sich die Quantitätsbestimmung bewegt.Die Mathematik kann ihrer entbehren, weil sie nicht mit Realem zu tun hat.
Die mathematische Physik aber ist auf sie angewiesen und setzt sie in jeder Formel,ja in jedem Buchstabensymbol voraus.Wegstrecke,Zeitdauer, Geschwindigkeit, Beschleunigung sind nicht Quantitäten,sondern die Substrate möglicher Quantität.Die reine Mechanik drückt das durch die Verschiedenheit der Symbole aus. Aber sinnvoll ist die Formel nur,wenn man die unquantitativen Grundbedeutungen der Symbole schon kennt und einsetzt. Wer diese Bedeutung nicht kennt, dem bleibt sie unverständlich. Was für die Mechanik gilt, muss für die übrigen Gebiete der Physik erst recht gelten. Druck, Dichte, Temperatur, Strahlungsintensität, Frequenz, Wellenlänge, Spannung, Strommenge,Widerstand - das alles sind Dimensionen möglicher Größenbestimmung, und darum gibt es in jeder von ihnen eine besondere Maßeinheit. Es liegt ein nicht quantitatives Etwas zugrunde, und erst 'an ihm' haftet die Größenbestimmung. Daran ändert es nichts, dass diesen Substraten wieder allgemeine Substrate zugrunde liegen; Die Raum- und Zeit- Dimensionen, Masse, Bewegung,Kraft,Energie. Denn diese tragen schon offenkundig den Stempel kategorialer Momente. Es ist ganz richtig, dass alle diese Momente die eigentlichen Träger der Quantität sind und zusammen das 'Messbare' ausmachen. Nur ist das Messbare nicht Maßbestimmtheit, sondern ihre Vorbedingung. Das Wesen und die Verschiedenheit der Quantitätsträger, ebenso wie auch ihre Bezogenheit aufeinander, gehen nicht nur der Messung voraus, sondern realen Größenverhältnissen überhaupt und sind etwas anderes als sie. Wie sie dann auch in aller Quantitätsverschiedenheit identisch verharren. Sie als solche stehen eben neutral zur Quantität. Und hier ist die Grenze des Mathematischen im Naturgegenstand, zugleich also auch die Grenze der Exaktheit wissenschaftlicher Bestimmung. Was eigentlich Ausdehnung, Dauer, Kraft oder Masse ist, vermag das mathematische Denken nicht zu sagen.An diesem Punkt aber setzt nun gerade die Kategorialanalyse ein. Die Träger oder Substrate der Quantität sind es, an denen die metaphysischen Hintergrundsprobleme der Naturphilosophie hängen.
(Nicolai Hartmann, Philosophie der Natur, 1950, Seite 20 ff.)

2.6.2. Kategoriale Stellung in den Naturphänomenen

Auch außer den Substraten der Quantität gibt es in der anorganischen Natur noch mancherlei, was nicht mathematischen Charakter hat. Dahin gehört der allgemeine Prozesscharakter, das Wesen des Gefüges und seine Gestaltqualitäten (nicht nur die räumlichen), ferner die Kollokation der Umstände in ihrer Einmaligkeit(Individualität) und dieTypen der Abhängigkeit, sowie die hinter diesen stehenden Determinationsformen. Unter den letzteren ist der Kausalnexus nur der bekannteste.

Zu beachten ist übrigens auch,dass noch innerhalb des Quantitativen eine GrenzedesMathematischen besteht.Das wird greifbar,wenn man bedenkt, dass alle mathematische Bestimmung bloße Verhältnisbestimmung ist. Schon jede ganze Zahl, jeder Bruch, jedes Vielfache, jede Potenz ist dem Wesen nach Verhältnis zur Einheit. Irgendwelche absoluten Realgrößen, einerlei an welchem Träger oder in welcher Dimension, kann sie nicht angeben. Darum sind alle Maßstäbe in der exakten Wissenschaft empiri scher Art, oder gar konventionell. Und sie auch nur mit Eindeutigkeit festzulegen, ist eine Aufgabe, die niemals mit mathematisch absoluter Genauigkeit gelingen kann.

Etwas Ähnliches wiederholt sich an den sogenannten Naturkonstanten (Gravitationskonstante, Solarkonstante u.a.). Sie können nur empirisch konstatiert werden, wenn auch der Weg der Konstatierung ein rechnerisches Verfahren einschließt. Sie sind also jedenfalls nicht in mathematische Bestimmung auflösbar. Und schließlich lässt sich in dieser Reihe auch dieNaturgesetzlichkeit selbst anführen:Die Gesetze lassen sich wohl mathematisch fassen, aber gehen in dieser Fassung nicht auf. Sie haben alle die Form der Beziehung mehrerer Substrate (möglicher Quantität) aufeinander - etwa der Raumstrecke auf die Zeit, der Dichte auf Druck und Temperatur uff.-, und diese Beziehung ist an sich weder eine mathematische noch eine quantitative überhaupt, sonder liegt als kategoriale dem Größenverhältnis schon zugrunde.

Grundsätzlich lässt sich folgendes sagen: Die mathematische Seite im Naturgegenstand ist seine rationaleSeite,von dieser Seite lässt er sich fassen. Das aber macht sich die Wissenschaft zunutze, und darauf beruhen ihre imponierenden Erfolge. Die mathematische Struktur des physikalischen Gegenstandes kommt zustande, indem die Quantitätskategorien die besonderen Substrate duchdringen, welche die Welt des Materiellen,Kinetischen und Dynamischen ausmachen. Sie durchsetzen diese gleichsam von unten her,lösen sie aber nicht auf.Die Formbestimmtheit der Gebilde und Prozesse kann sich also in den mathematischen Verhältnissen nicht erschöpfen.

Die Materie mit ihren Momenten der Trägheit und Schwere ist und bleibt, indem sie in die quantitativen Verhältnisse eingeht,doch etwas von Grund aus Unmathematisches. Ebenso unmathematisch sind die Raum- und Zeitdimensionen, die Bewegung, die Abhängigkeiten und Bezogenheiten. Man kann den Ablauf eines Naturprozeses wohl mathematisch bestimmen, und damit fasst man dann eine bestimmt Seite seiner Gesetzlichkeit.
Aber die Bestimmung, zusammengedrängt in die mathematische Formel, drückt nicht das Reale selbst, nicht den Prozess als solches aus, sondern nur etwas Bestimmtes an ihm; ja sie macht nicht einmal seine ganze Gesetzlichkeit aus, denn dazu gehört auch das volle Gewicht der Substrate. Und darin setzt sich das Novum der höheren Kategorien durch. Jener Gedanke einer totalen Auflösung aller physischen Realverhältnisse in mathematische Funktionen, der dem exakten Denken von seinen Anfängen her als Ideal vorschwebte,ist utopisch. Die Realgebilde haben zwar die mathematische Struktur an sich und sind an ihren Leitfaden gleichsam `von unten her´fassbar. Aber ihrem vollen ontischen Gehalt genügt diese Fassung nicht. Sie `fasst´ eben nur die Quantitätsverhältnisse an ihm,also das, was Determination der niederen Kategorien an ihm ist. Darum geht sie auch an der Individualität der Einzelfälle vorbei und fasst nur das Allgemeine. Alles Reale aber hat Individualität, auch dort, wo unser an Allgemeinheiten gefesseltes Denken sie nicht fasst.
(Nicolai Hartmann, Philosophie der Natur, 1950, Seite 22 ff.)

2.6.3. Das Mathematische in den Naturgesetzen

Das eigentlich Wunderbare an den Naturgesetzen ist nun ohne Zweifel ihre mathematische Struktur. An dieser hängt ihre relative Einfachheit,ihre weitgehende Erkennbarkeit,sowie die großartige Möglichkeit, das für den äußeren Anblick verwirrende Gefüge der Naturvorgänge selbst vermöge des Einblicks in ihre Gesetzlichkeit nicht nur zu entwirren, sondern auch exakt zu erfassen. Denn nicht so sehr der Kausalfaktor, geschweige denn er allein, ist Grundlage des exakten Erfassen, sondern vor allem der mathematisch-quantitative Charakter der Naturgesetze. An ihm hängt der Apriorismus im Naturerkennen.Er ist leicht kenntlich an der strikten Allgemeinheit der Einsicht, desgleichen am Gelingen der Vorwegnahme, der Voraussage und der Berechnung überhaupt..Und warum ist denn eine solche Entdeckung epochemachend? Darum, weil die Mathematik ein eminentes Erkenntnismittel ist, einzigartig an Genauigkeit und Tragkraft. Denn die Gesetzlichkeit der reinen Mathematik ist uns a priori gegeben, oder soweit nicht gegeben, doch a priori auffindbar. Sie ist als solche durchaus keine Realgesetzlichkeit. Ihr ist es an sich äußerlich, daß sie die Naturprozesse beherrscht.

Aber für die Naturprozesse ist das nicht äußerlich, sondern höchst charakteristisch. Und vollends ausschlaggeben ist es für die Natur-Erkenntnis.Nur so kann diese eine exakte sein. Denn nur die mathematischen Verhältnisse sind unserem Verstande a priori zugänglich (d. h. rein in sich selbst einsichtig)...Die mathematischen Gegenstände haben ihre eigene, schwer fassliche Seinsweise. Diese ist keine reale, aber doch auch nicht eine,die im Sinn des Gedankens oder des Begriffs aufginge. Sie ist`ideales Sein´,und die Gesetze dieser Gegenstände sind Gesetze einer idealenSeinsphäre.
So wenigstens stehen sie ursprünglich da. Aber sie bleiben darauf nicht beschränkt. Nach zwei Seiten greifen sie determinierend auf andere Sphären über: auf das denkende Erkennen einerseits und auf die Realverhältnisse der Natur andererseits, soweit diese quantitativ sind. Im letzten Grunde determinieren sie beide Male ein Reales.Denn auch das denkende Erkennen ist ein Realprozess sui generis, der in der Zeit fortschreitet und seine geschichtlich einmalige Etappe hat, - ein Prozess, der ja neben der logischen und der ihr verwandten mathematischen auch noch andere Gesetzlichkeit hat (z. B. die Psychisch u.a.), wobei diese Gesetzesgruppen sogar in einen gewissen Konflikt miteinander geraten.
Denn das Denken ist nicht von Hause aus logisch oder gar mathematisch, sondern muss sich zu bestimmten Zwecken der Erkenntnis erst dazu erheben. Das ist geschichtlich und selbst noch im Bewusstsein des Einzelnen ein langer Prozess der Klärung, Übung und Bildung. Setzt man aber diese Erhebung des Bewusstseins voraus, so trifft an den mathematischen Gesetzen... die Identität von Erkenntnisprinzipien und Seinsprinzipien zu, jene kategoriale Grundrelation, auf der die `objektive Gültigkeit´ apriorischer Erkenntnis beruht. Nicht nur in der reinen Mathematik,auch in der mathematischen Naturwissenschaft.
(Nicolai Hartmann, Philosophie der Natur, 1950, Seite 398 f.)

3. Ansatz einer Kategorialanalyse der Zahl

Der Anfang der Mathematik,das Rechnen mit Zahlen, beginnt aller Wahrscheinlichkeit nach,vor etwa 11000 Jahren, möglicherweise bei den Ishango, die am LakeEward in Zaire gelebt haben. Von den Ishango haben Archäologen einen Werkzeuggriff aus Knochen ausgegraben, der zahlreiche Einkerbungen enthält.
Zahlen erfanden zweifellos nicht nur die Ishango. Sie wurden vielmehr mehrfach an verschiedenen Orten entdeckt. Die ersten mathematischen Überlieferungen, die eindeutiger sind als die Knochen der Ishango, stammen aus Ägypten, Mesopotamien, China und Indien und gehen bis zu 4000 Jahre zurück.

Glücklicherweise schrieben die Babylonier auf Tontafeln und nicht auf Papyrus, der im Laufe der Jahre zerfällt. Sie drückten ihre keilförmigen Zeichen in die Tafeln, die sie anschließend brannten.
Weil die Sonne auf ihrer Bahn nach ungefähr 360 Tagen wieder den Ausgangspunkt erreicht, teilten die Babylonier den Kreis in 360 Grad.Ein Grad zerlegten sie nach der Basis ihres Zahlensystems in 60 Minuten. Bis heute hat sich die 60 auch bei der Zeit erhalten. Dass für die menschliche Rechnungen ein System mit zehn Symbolen sich durchsetzte, hat darin den Grund:nach der Anzahl unserer Finger. Die babylonischen Gelehrten kannten zwei Zahlzeichen: Ein T-ähnliches Symbol stand für 1 und ein > - ähnliches für 10. Das Dezimalsystem wurde in Indien entwickelt und gelangte nach Arabien. Erst um das Jahr 1000 brachten es die spanischen Mauren nach Europa.
Noch heute reden wir von den indisch-arabischen Zahlen. Zahlen in Zweierpotenzen zu zerlegen ist hochaktuell. Für Komputer besteht alles nur aus den beiden Zeichen 0 und 1. (Strom aus und Strom an). Zwei Ziffern genügen, um alle Zahlen darstellen zu können.(Dualsystem). 0 ist im Dualsystem 0, 1 bedeutet 1.
2 wird 10 geschrieben=$1x2' + 0x2°$.3 wird zu 11=$1x2'+1x2°$. 4 wird zu 100 ($1x2^2 + 0x2' + 0x2°$).

3.1. Grundbausteine der Zahl

3.1.1. Natürliche, Komplexe, Reelle, Imaginäre Zahlen

Schon mit den sogenannten natürlichen Zahlen 1,2,3,4...lässt sich jede Menge anspruchsvoller Mathematik betreiben. Ja, es stellen sich sogar einige bis heute nicht gelöste Rätsel ein. Eines der grundlegendsten Konzepte sind die Primzahlen, Zahlen, die nur durch sich selbst und durch 1 teilbar sind: 1,2,3,5,7,11,13,17,19,23... Aus ihnen lassen sich alle ganzen Zahlen zusammensetzen. Die Reihe der Primzahlen ist unbegrenzt.
Das wusste schon Euklid im dritten vorchristlichen Jahrhundert. Sein Beweis, dass es unendlich viele Primzahlen geben muss,gilt bis heute als ein Glanzstück mathematischer Überlegung.
Euklid führte einen Widerspruchsbeweis durch: Er nahm an, es gäbe nur endlich viele Primzahlen und zog daraus so lange logische Schlüsse, bis er auf einen offensichtlichen Widerspruch stieß. Damit musste irgend etwas falsch sein. Da sich in die Schlusskette kein Fehler eingeschlichen hatte, konnte es nur die Annahme (endlich viele Primzahlen) sein. Demnach muss es unendlich viele Primzahlen geben.

Angenommen, es gäbe nur endlich viele Primzahlen. Dann ließen sie sich auflisten, etwa als p_1, p_2, $p_3...p_n + 1$, wobei n für die (endliche) Anzahl der Primzahlen steht. Nun betrachtet Euklid die Zahl $p_1,p_2...p_n+1$. Diese Zahl kann keine Primzahl sein,da sie in unserer Liste $p_1..p_n$ nicht auftaucht,die ja alle Primzahlen umfassen soll. Also muss sie durch eine Primzahl teilbar sein. Unsere Annahme muss demnach falsch gewesen sein. Also gibt es unendlich viele Primzahlen.
Doch dieser Beweis ist keine Methode beliebig viele Primzahlen zu berechnen. Denn z. B. bei bei der Zahl 8 + 1=9 und 14+1=15 trifft das nicht zu.Primzahlzwillinge heißen die Primzahlen,die den Abstand zwei voneinander haben, etwa 7 und 9 oder 101 und 103. Ob es unendliche viele gibt oder ob die Reihe irgendwann zu Ende ist, weiß bislang niemand. Primzahldrillinge finden sich hingegen nur ein einziges Mal: 3, 5 und 7. Bei allen anderen Dreierpacks aufeinanderfolgender ungerader Zahlen ist immer eine durch 3 teilbar und somit keine Primzahl.
Wie viele Primzahlen, die kleiner sind als eine vorgegebene (sehr große Zahl)gibt es? Unter den ersten Millionen Zahlen finden sich 78 498 Primzahlen, unter den ersten Milliarden 50 847 634. Wie sieht eine Formel aus,die für jede Zahl die Anzahl der Primzahlen unter ihr angibt? Zu den ganzen Zahlen gehört auch die Null, sie wurde allerdings erst im Mittelalter im asiatischen Raum`erfunden´und fand über die Araber ihren Weg nach Mitteleuropa.
Ganze Zahlen lassen sich miteinander malnehmen. Wollen wir eine Multiplikation rückgängig machen, müssen wir teilen oder dividieren. Was ist aber 2 geteilt durch 3?Dafür brauchen wir wieder neue Zahlen,die Brüche oder rationalen Zahlen. Zu ihnen zählen auch die ganzen Zahlen,denn z.B. 3 ist nichts anderes als `drei Eintel´.
Aber die nächste Schwierigkeit zeigt sich beim Lösen von Gleichungen. Denn in $x + 4= 3$ steht x für die Zahl, die mit 4 addiert 3 ergibt, das heißt $x= -1$. Und was ist nur x, wenn es durch die Gleichung $x^2 =2$ bestimmt ist? Hier wird also die Zahl gesucht, bei der 2 herauskommt, wenn sie mit sich selbst multipliziert wird. Um diese Gleichung zu lösen, kommen wir mit den rationalen Zahlen nicht mehr aus. Die Quadratwurzel von 2, als Zeichen $\sqrt{2}$, ist keine rationale Zahl.
(Wolfgang Blum, Die Grammatik der Logik, 2002, Seite 26 f.)

Um zu beweisen, das $\sqrt{2}$ keine rationale Zahl ist, nehmen wir wie bei der Unendkeit der Primzahl an, das Gegenteil der Behauptung träfe zu, und leiten daraus einen Widerspruch her. Sei also die Wurzel aus 2 eine rationale Zahl. Dann können wir sie als Bruch darstellen: $\sqrt{2}=p/q$, wobei p und q natürliche Zahlen sind. Falls sich der Bruch kürzen lässt, tun wir das so oft, bis Zähler und Nenner keinen gemeinsamen Teiler mehr haben, der Bruch also nicht weiter zu kürzen ist.
Nun quadrieren wir beide Seiten: $2=p^2/q^2$ und bringen q^2 auf die andere Seite: $2q^2 = p^2$. Das Quadrat von p ist demnach eine gerade Zahl. Da das Produkt zweier ungerader Zahlen wieder ungerade ist,bedeutet das, auch p muss gerade sein. Wir können daher p=2m setzen, wobei m wieder eine natürliche Zahl, nämlich die Hälfte der geraden Zahl p, ist. Das in die obige Gleichung eingesetzt ergibt: $2q^2 = (2m)^2 = 4m^2$. Wir kürzen durch 2: $q^2 = 2m^2$. Also ist das Quadrat von p und damit auch q eine gerade Zahl. Das kann aber nicht sein, weil wir p und q so gewählt haben, dass sich der Bruch p/q nicht weiter kürzen lässt. Wären p un q indes beide gerade, könnte man ihn mit zwei kürzen. Wir sind auf einen Widerspruch gestoßen. Die Annahme, die Quadratwurzel aus 2 ließe sich als Bruch schreiben, muss falsch sein.
Die Erkenntnis, dass es irrationale Zahlen geben müsse, hatte angeblich bereits Hippasus,ein Schüler des Pythagoras, etwa zweihundert Jahre vor Euklid aufgestellt. Der Legende nach kostete sie ihm das Leben. Für Pythagoras lag die Schönheit der Mathematik darin, dass die ganze Welt mit ganzen Zahlen und deren Verhältnissen zueinander, den Brüchen also, zu erklären sei. Hippasus ist auf die irrationalen Zahlen gekommen, als er sich mit dem Erkennungszeichen der Pythagoreer, einem gleichseitigen Fünfeck, beschäftigte. Er untersuchte die Diagonalen der Figur und fand, dass deren Länge in keinem berechenbaren Verhältnis zu den Seiten standen. Nicht nur $\sqrt{2}$, sondern alle Zahlen,die 2-,3-,4-mal oder noch öfter mit sich selbst multipliziert können eine rationale Zahl ergeben. Die Brüche bilden zusammen mit den Wurzel die sogenannten reellen Zahlen. Die nicht rationale (oder irrationale) Zahl $\sqrt{2}$ bekommt ihre besondere Qualität erst bei unendlicher Präzision - diese existiert aber nur in Gedanken.
Die komplexen Zahlen sind zunächst ein seltsam anmutendes Konstrukt, um Gleichungen lösbar zu machen. Ihre mathematische Keimzelle ist die sogenannte imaginäre Einheit, das ist eine Zahl, die mit sich selbst multipliziert -1 ergibt.

In Kurzform heißt sie i. Über ihre Natur sollte man nicht allzuviel grübeln, sondern die Definition hinnehmen. Zählt man zwei komplexe Zahlen zusammen oder multipliziert sie miteinander,sollte das Ergebnis wieder eine komplexe Zahl darstellen. Dementsprechend müssen z.B. 2 x i oder 4/3 x i ebenfalls komplexe Zahlen sein, aber auch 2+i oder 4/3 - i. Komplexe Zahlen bestehen aus einem Realteil und einem Imaginärteil. Sie lassen sich in der Form a + i x b darstellen, wobei a und b reellen Zahlen sind und i die imaginäre Einheit. a oder b können dabei auch 0 sein, die reellen Zahlen sind dann alle komplexe Zahlen, deren imaginärer Anteil 0 ist.
(Wolfgang Blum, Die Grammatik der Logik, 2002, Seite 32 f.)

Addiert werden komplexe Zahlen komponentenweise:
(a + i x b) + (a′ + i x b′) = (a + a′) + i x (b + b′). a,b,a′,b′ stehen dabei für beliebige reelle Zahlen. Für die Subtraktion, die nichts anderes als die Addition nagativer Zahlen ist,gilt Entsprechendes.Multipliziert wird nach folgender Vorschrift:(a + i x b)x(a′+ i x b′)=(a x a′- b x b′)+1x(a x b′+ a′ x b). Während die Definition der Addition unmittelbar einleuchtet, sieht die der Multiplikation auf den ersten Blick etwas sonderbar aus.Doch ergibt sie sich, wenn die linke Seite nach den üblichen Regeln des Rechnens mit Klammern bestimmt und für i x i definitionsgemäß -1 gesetzt wird.

Die Gleichung x^2 = -2 hat mit diesem erweiterten Zahlenbegriff eine Lösung, x=i x √2. Und nicht nur sie: In den komplexen Zahlen lässt sich jede Gleichung lösen, bei der die Unbekannte in Potenzen auftritt und sonst nur Addition und Subtraktion auftreten. Das besagt der Fundamentalsatz der Algebra, den bereits der große deutsche Mathematiker Carl, Friedrich Gauß (1777-1855) bewiesen hat. Eine Methode, sich die komplexen Zahlen anschaulicher zu machen, trägt den Namen des bedeutenden Mathematikers: die Gaußsche Zahlenebene.

Eine Gerade, auf der ein Nullpunkt festgelegt ist und auf der dann jeder andere Punkt mit dem Abstand zum Nullpunkt identifiziert wird. Liegen zwei solche Zahlengeraden senkrecht zueinander und schneiden sie sich in ihren Nullpunkten, spannen sie eine Ebene auf. Jeder Punkt der Ebene lässt sich durch ein Zahlenpaar beschreiben. Fügt man eine dritte Zahlengerade hinzu, welche die beiden anderen senkrecht im 0-punkt schneidet, gelangt man zum dreidimensionalen Raum. Jeder Punkt lässt sich hier eindeutig einem Zahlentripel zuordnen.Im Prinzip lässt sich dasselbe auch für höherdimensionale Räume treiben. Diese entziehen sich zwar unserer Vorstellung, doch Mathematiker hält das keineswegs davon ab, sich mit ihnen zu befassen, auch nicht bei unendlichdimensionalen Räumen.

3.1.2. Differentiation und Integration

Wie lässt sich die Änderungsrate oder Steigung einer Kurve an einer Stelle bestimmen?Bei einer Geraden ist das einfach: Man nehme zwei Punkte (x,y) und (x′,y′) und bilde den Quotienten aus den Differenzen der y- und x-Werte, das heißt y′-y/x′-x. Gleich, welche Werte x und x′eingesetzt werden, die Steigung y′- y/x′lässt sich berechnen. Im Punkt [x,f(x)] wollen wir die Steigung bestimmen. Wir bilden den sogenannten Differentialquotienten f(x′) - f(x)/x′ - x, wobei x′ zunächst einen beliebigen, zulässigen Wert auf der waagerechten Achse darstellt. Leider ist dieser Quotient im Gegensatz zur Gerade bei gekrümmten Kurven nicht unabhängig von x′. Da wir die Steigung im Punkt [x,f(x)] berechnen wollen, gehen wir mit x′immer näher an x heran. Dann wird sich auch f(x′) f(x) nähern, der Zähler geht daher ebenso wie der Nenner gegen Null. Bei glatten Kurven strebt der Quotient f(x′) - f(x)/x′- x aber gegen einen festen Wert. Dieser ist die Steigung der Tangente an die Kurve an der Stelle [x,f(x)].
(Wolfgang Blum, Die Grammatik der Logik, 2002, Seite 58 f.)

Eine der umfangreichsten Disziplinen der Mathematik ist die Analysis mit ihren verschiedenen Teilgebieten. Charakteristisch für sie ist die Bildung von Grenzwerten bei Funktionen in sogenannte infinitesimalen Prozessen. Die wichtigsten sind die Differentiation und Integration. Die Differentialrechnung fragt nach der Steigung von Tangenten an gegebenen Kurven, die Integralrechnung nach Flächeninhalten krummlinig begrenzter Flächen, insbesondere wenn diese durch Graphen von Funktionen beschreibbar sind. Nicht jede integrierbare Funktion ist differenzierbar, es gilt aber das Umgekehrte. Die Menge der integrierbaren Funktionen umfasst also die Menge der differenzierbaren. Zwischen Diffenzierbarkeit und Integrierbarkeit steht der Stetigkeitsbegriff, der ebenfalls auf den Grenzwertbegriff zurückgeführt werden kann.
(Fritz Reinhardt/Heinrich Soeder, dtv-Atlas Mathematik, Bd. 2, 1998, Seite 291)

3.2. Unendlichkeit

Die Mathematik ist die einzige Wissenschaft, mit der uns endlichen Wesen objektiv überprüfbare Aussagen über Unendliches möglich ist. Das Differenzieren vollzieht sich genaugenommen nicht im Endlichen. Denn man muss beimDifferenzialquotienten x′unendlich nahe an x heranführen. Mit Variablen lassen sich unendlich viele Einzelfälle auf einen Schlag erledigen. Da das Produkt gerader Zahlen immer gerade ist, muss eine ungerade Quadratzahl das Quadrat einer ungeraden Zahl sein.

Jede ungerade Zahl lässt sich wiederum schreiben als 2 x n + 1, wobei n eine beliebige natürliche Zahl ist.Für das Quadrat gilt dann nach der Formel $(a + b)^2 = a^2 + 2 a x b + b^2$:
$(2 x n + 1)^2 = 4 x n^2 + 4 x n + 1= 4 x (n + 1)+ 1$. Da n und n+1 aufeinanderfolgende Zahlen sind,muss eine von beiden gerade sein, das heißt das Produkt n x(n + 1) ist ebenfalls eine gerade. Deswegen ist n x(n + 1)/2 eine ganze Zahl. Wir können daher die rechte Seite der Gleichung umschreiben: $(2n+1)^2=8 x [n x(n+1)/2]+1$. Nachdem n x(n+1)/2 eine ganze Zahl ist, ergibt sich zwingend, dass das Quadrat einer ungeraden Zahl $(2 x n + 1)^2$ ein ganzzahliges Vielfache von 8 mit einem Rest 1 ist.
Für Mathematiker gibt es nicht nur eine Unendlichkeit, sondern viele verschiedene(genauer gesagt unendlich viele),eine größer als die andere. Wie lassen sich Unendlichkeiten miteinander vergleichen? Im Prinzip genauso, wie Kinder zählen: Für vier Äpfel auf dem Tisch genügt eine Hand, für jeden Apfel ein Finger. Kommen wir beim Ringfinger, dem vierten an, sind wir fertig. Erwachsene ordnen jedem Apfel in Gedanken eine Zahl zu: eins, zwei, drei, vier. Ähnlich funktioniert es im Unendlichen. Die Mathematiker versuchen,eine eindeutige Zuordnung zu finden. Jede gerade Zahl gehört zu einer natürlichen, nämlich ihrer Hälfte. Die Brüche - oder rationalen Zahlen - sind von derselben Unendlichkeit wie die natürlichen Zahlen. Die reellen Zahlen sind von einer größeren Unendlichkeit.
(Wolfgang Blum, Die Grammatik der Logik, 2002, Seite 62 ff.)

3.3. Wahrscheinlichkeit

Mathematische Begriffe sind so klar und eindeutig festgelegt wie sonst nichts auf der Welt. Inzwischen wird fast von allen Wissenschaften die Wahrscheinlichkeitstheorie angewandt. Die Wahrscheinlichkeit ist dabei definiert als der Quotient aus erhofften Fällen und allen Möglichkeiten. Beim einfachen Münzwurf als 1/2: Der erwünschte Fall steht dabei für `Kopf'=1/2. Die Wahrscheinlichkeit eine 6 zu würfeln, beträgt 1/6. Die Wahrscheinlichkeit 0 haben unmögliche Ereignisse. Eine 1, 2, 3,4,5 oder 6 zu würfeln,hat den Wert 1. Die Wahrscheinlichkeit, in einem Wurf mit einem Würfel keine 6 zu erzielen, berechnet sich als 1 - 1/6 = 5/6. Wie hoch ist die Wahrscheinlichkeit,mit zwei Würfeln eine 6 zu erzielen? Mit zwei Würfeln gibt es $6^2=36$ mögliche Ergebnisse.Für jeden Würfel ist die Wahrscheinlichkeit, keine 6 zu haben, gleich 5/6. Dass keiner von beiden die 6 bringt, hat die Wahrscheinlichkeit $1 - (5/6)^2 = 11/36 = 0,305...$

Den Ausgang eines Zufallsexperimentes,kann auch die Mathematik nicht bestimmen, wohl aber,wohin es tendiert,wenn die Versuche nur oft genug wiederholt werden.Alle wichtigen Theoreme aus der Wahrscheinlichkeitstheorie handeln davon, was bei unendlicher Wiederholung geschieht. Diesen einleuchtenden Sachverhalt mathematisch korrekt zu fassen und zu beweisen, war das Verdienst von Jakob Bernoulli (*1654+1705).
Bernoullis Satz, als`Gesetz dergroßen Zahlen´ bekannt, wird auch heute noch laufend angewandt. Das Gesetz der großen Zahlen verspricht zwar, die Wahrscheinlichkeiten würden früher oder später von der Wirklichkeit angenähert, aber nicht, wann das der Fall ist.
Trotz der frühen Anfänge von Carl Friedrich Gauß (*1777+1855) entwickelte erst 1933 Andrej Nikolajewitsch Kolmogorow (*1903+1987) die Wahrscheinlichkeitstheorie in ihre heutige Form.
Dazu sollen folgende Aufgaben der Wahrscheinlichkeitsrechnung beitragen: Wie viele Personen benötigt man, dass zwei Personen am gleichen Tag im Jahr Geburtstag haben? (365/365x364/365x363/365x362/365x..... 343/365) = 0,49...
Die Wahrscheinlichkeit,dass mindestens zwei Personen am gleichen Tag Geburtstag haben, ist 1 - 0,49 = > 0,5 bei 23 Personen.
(Wolfgang Blum, Grammatik der Logik, 2002, Seite 75)
Bei einer Meisterschaft im K.-o.-System treten 32 Mannschaften an. Wie viele Spiele gibt es? Jetzt könnte man die Spiele der einzelnen Runden zusammenzählen. Einfacher ist es indes zu argumentieren, jedes Team außer dem Turniersieger verliert genau einmal,also sind 31 Spiele auszuführen. (Wolfgang Blum, Grammatik der Logik, 2002, Seite 113)

3.4. Mathematischer Beweis

In Beweisen ist es eigentlich nicht zulässig, sich auf intuitives Verständnis zu berufen,vielmehr sollen die Aussagen der Theoreme formal Schritt für Schrittaus den zugrundeliegenden Axiomen abgeleitet werden. Kein Mathematiker kann indes auf die Anschauung verzichten,wenn es darum geht, neue Zusammenhänge aufzuspüren oder Ideen plausibel zu machen. Und selbst in strengen Beweisen kommen die Forscher nicht ganz ohne intuitive Einsicht aus.
Zuweilen sind die Beweise neuer Theoreme extrem komplex. Andrew Wiles´ Arbeit über den Fermatschen Satz etwa füllt 130 Seiten. Führte man alle Details aus und zählte Vorarbeiten anderer Mathematiker mit, käme man gar auf den Umfang eines mehrbändigen Lexikons.Zu kontrollieren, ob jeder Beweisschritt korrekt ist, dauert Jahre.

Absurd wird das Ganze bei der Klassifikation der sogenannten endlichen Gruppen. Der Beweis dieses Theorems aus der Algebra ist die Gemeinschaftsarbeit von mehr als hundert Wissenschaftlern. Der einzige der ihn angeblich in voller Länge verstanden hat, war Daniel Gorenstein von der amerikanischen Rutgers-Universität, und er starb 1992.
Seit vierzig Jahren arbeiten 'Informatiker' bereits am 'automatischen Beweisen'. Im Jahre 1996 war es endlich soweit: Ein Rechner führte erstmals einen Beweis, an dem dem Mathematiker zuvor jahrelang gescheitert waren. In acht Stunden Rechenzeit löste das Programm EQP, das sogenannte Robbins-Problem aus der Algebra. Das Robbins-Problem gleicht einem kombinatorischen Puzzle auf hohem Niveau. Der Rechner probierte sturheil alle Möglichkeiten durch,die zum Beweis hätten führen können, mit mathematischem Verständnis hat das nichts zu tun.Das Gros mathematischer Arbeiten wird daher auch in absehbarer Zukunft noch menschliche Logik ausbrüten. Der amerikanische Mathematiker John Milnor prophezeit, in zwei Generationen werde ein Beweis nur noch gelten, wenn ein Computer ihn geprüft habe.
(Wolfgang Blum, Die Grammatik der Logik, 2002, Seite 101 ff.)
Mathematik fasziniert wegen ihrer radikalen Endgültigkeit. Was einmal als richtig erkannt wurde, gilt für immer. 2 x 2 ist ein für allemal 4,und die Winkelsumme eines Dreiecks beträgt 180 Grad.Neben dem Hauch an Ewigkeit verweisen reine Mathematiker auf den kreativen Akt des Schaffens. Neue Definitionen und Vermutungen zu entwickeln und - vor allem - Beweise zu finden. Dazu braucht es in erster Linie zündende Ideen, wie die Argumentation ungefähr verlaufen könnte.
Eine Ahnung von mathematischer Schönheit vermittelt der Euklidische Beweis der Unendlichkeit der Primzahlen oder Tangram-Beweis des Satzes von Pythagoras.
(Wolfgang Blum, Grammatik der Logik, 2002, Seite 105;113)

Beitrag zur Wahrscheinlichkeitsrechnung:
Wie groß ist die Wahrscheinlichkeit für mindestens 4 Richtige im Zahlenlotto 6 aus 49? Die Anzahl der möglichen Fälle (49 6)= 13983816, die der günstigen 1 + (6 5) x (43 1) + (6 4) (43 2) = 13804, also B_s =13804/1398318 ~ 0,000987
(dtv-Atlas Mathematik, Bd. 2, 1998, Seite 469)

3.5. Grundlegendes der Zahl

Die Mehrheit der mathematischen Fachwelt beruft sich auf den griechischen Philosophen Plato, dem zufolge Zahlen und andere mathematischen Objekte himmliche Ideale sind, die außerhalb von Raum und Zeit in einem Reich von Ideen existieren. Dem Platonismus zufolge ist mathematische Wahrheit unabhängig von Menschen. Die meisten Mathematiker handeln und reden so, als ob sie mit Objekten hantierten, die zur Einrichtung ihres Universums gehört, sagt Verena Huber-Dyson von der Universität im kanadischen Calgary.Denn es sei viel leichter Mathematik zu treiben, als über sie zu philosophieren.
Ehrhard Behrend von der Freien Universität Berlin glaubt hingegen, die Erfahrung decke nur ein winziges Spektrum der Mathematik ab. Der Unendlichkeit etwa, einem der fundamentalsten Begriffe, stehe in der Wirklichkeit nichts gegenüber.
In den Naturwissenschaften haben uns gerade Abstraktionen, die von der Erfahrung wegführen, weitergebracht. Newton Gleichungen, Relativitätstheorie und Quantenmechanik bieten keinen direkten Überlebensvorteil. Letztere haben sogar mit unserer Erfahrung nicht das Geringste gemeinweshalb es so schwer fällt, sie zu begreifen. Warum sollte uns die Evolution darauf getrimmt haben, die dahintersteckende Mathematik auszuklügeln?
Auf diese Fragen geben auch die neuen Ansätze keine befriedigende Antwort. Dennoch, das Erfassen des Universums können die Formeln und damit die Zahl nur so weit geben, wie wir das mit Beobachtungen und Experimenten überprüfen können. Sie geben keine objektive Wahrheit wieder, sondern eine auf menschliche Fähigkeiten bezogene.
Bereits 1960 schrieb der amerikanische Mathematiker und Physiker Eugene Wigner: Das Wunder, dass sich die Sprache der Mathematik für die Formulierung der physikalischen Gesetze eignet, ist ein herrliches Geschenk, das wir weder verstehen noch verdienen.
(Wolfgang Blum, Die Grammatik der Logik, 2002, Seite 113;117 f.)
Und auch dieses Dominieren darf man nicht überschätzen. Es ist nicht so, dass die Naturgesetzlichkeit eine `rein´ oder `bloß´ mathematische wäre. Sie ist ebensosehr durch die anderen Kategorien ihrer Schicht mitbestimmt:Raum, Zeit, Prozess, Kausalität;auch durch die spezielleren etwa das dynamische Gefüge, das dynamische Gleichgewicht u.a.m.; wozu dann noch die besonderen Dimensionen möglicher Quantität kommen, die ja nicht selbst Quantität sind, sondern nur deren Bedingungen.

Das Mathematische ist nur dasjenige kategoriale Element, welches die Gleichartigkeit in der Mannigfaltigkeit der Prozesse am weitesten bestimmt und deswegen auch am weitesten fassbar macht. Denn diese Gleichartigkeit hat die Form,dass immer eine bestimmte Art von Größen in Abhängigkeit von einer anderen Art von Größe steht, und dass diese Abhängigkeit in der einfachen und durchsichtigen Form der mathematischen Funktion (Zahl) fassbar ist. Und von hier aus gelingen dann jene ans Wunderbare grenzende Vorstöße ins Unbekannte, deren Resultate weit entfernt sind, bloß quantitativ zu sein.
(Nicolai Hartmann, Philosophie der Natur, 1950, Seite 400)

4. Grenzen der Zahl

Es ist nicht schwer, das Unmathematische und das Mathematische in den Naturgesetzen voneinander zu scheiden. Zum ersteren zählen alle Dimensionenoder 'Substrate'möglicher Größenbestimmtheit, sowohl die primären und irreduziblen als auch die sekundären, also außer Raum und Zeit auch Geschwindigkeit, Beschleunigung,Gewicht,Druck, Dichte,Temperatur und so fort durch alle Teilgebiete der Physik. Formal kann man das auch so ausdrücken: es gehört hierher das meiste, was in den mathematischen Formeln der Physik durch die Buchstabensymbole ausgedrückt wird. Verständlich sind die Formeln auch durchaus nur,wenn man schon weiß, was diese Symbole heißen.
Das Mathematische dagegen besteht in der Art, wie diese Größen verschiedenerDimensionen, bzw.ihre Zahlenwerte,aufeinander bezogen sind. Wohlverstanden, nicht die bestimmten Größen- und Zahlenwerte im Einzelfall sind Sache des Gesetzes, denn die variieren von Fall zu Fall, in den Prozessen sogar von Augenblick zu Augenblick, sondern lediglich ihre grundsätzlichen Verhältnisse zueinander, d.h. die Abhängigkeit der Variabilität eines Faktors von der eines anderen, oder auch mehrerer anderer. Denn diese grundsätzlichen Größenverhältnisse sind konstant in der Veränderung der Größen selbst. Sie in der zutreffenden Weise auszudrücken ist Sache der mathematischen Funktion.
In die mathematische Form der Gesetze geht somit alles ein,was den Charakter von Maß und Größe hat. Doch ist damit noch wenig gesagt, denn Maß und Größe sind zunächst etwas Statisches; und den Prozess selbst, in dem die Größen fließend werden,könnte man mit so einfachen Mitteln nicht fassen. Darum hat es sich in der Entwicklung der mathematischen Gesetzeswissenschaft wesentlich um die Frage gehandelt,'wie'den eigentlich mathematische Bestimmtheit den Prozess beherrschen kann.

Sie beherrscht ihn freilich auf sehr eigene Art. Und diese Art macht es schwierig, hinter ihr Geheimnis zu kommen. Die mathematische Wissenschaft muss sie getreulich nachbilden,um sie zu treffen. Sie muss also das Größenverhältnis differenzieren. Das geschieht in der Funktion, so wie das allgemeine Schema ihrer Formel es ausspricht: y=f (x).In diesem fließenden Verhältnis nimmt y verschiedene Werte an, und zwar in strenger Abhängigkeit von den Werten, die x durchläuft.
(Nicolai Hartmann, Philosophie der Natur, 1950, Seite 401)

Doch noch weitere Begrenzungen der Funktion derZahl lassen sich durch die absolute Konstanten feststellen z.B. Lichtgeschwindigkeit (c), Gravitation (g), Temperaturnullpunkt(Kelvin).Die Messbarkeit selbst wird sogar in der sogenannten `Planckwelt′ (Plancksches Wirkungsquantum h, Heisenbergsche Unschärferelation, Schwarzschildradius, Curietemperatur) aufgehoben.

Die Theorie von Allem

Gab es einen gemeinsamen Anfang von Allem was im Universum existiert? Die vier fundamentalen Grundkräfte (Elektreomagnetische Wirkung, Kernkraft, die schwache Kernkraft und Gravitation)sind in einer Urkraft vereinigt. Es muss ein Urzustand gewesen sein, der völlig einheitlich war. In der Physik spricht man von einem hochsymmetrischen Zustand. (Der symmetrischste Zustand).

Die Planckwelt definiert den Anfangszustand des gesamten Universums. Die Planckmasse 10 hoch-8 wird durch den Schwarzschildradius in die Plancklänge 10 hoch -33 komprimiert, die Planckzeit in den Impuls von 10 hoch -43 und die Planckdichte in die Größe von 10 hoch -93 komprimiert. Zugleich muss ein hochsymmetrischer Zustand durch die Curietemperatur das gesamte Magnetfeld bei 10^{32} Grad eingetreten sein, damit der Magnetismus im Universum ausgeschaltet wurde.

Wir sind heute noch nicht in der Lage,dass wir eine Theorie für diesen Anfangszustand bestimmen können.Wenn die Quantenmechanik und die Relativitätstheorie vereinigt sein sollten, müsste daraus die Plancksche Welt abgeleitet werden können. Alle Bilder aus den Entfernungen von 12 Milliarden Lichtjahren, die aufgenommen wurden, lassen das Licht noch nicht schwanken, sondern können klar aufgefangen werden.

Den Anfangszustand des Universum können wir aber berechnen durch die Naturkonstanten und Quantenmechanik. Der Anfangszustand = 10 hoch -60 Plancklänge; die Anfangszeit = 10 hoch 60 Planckzeit; die Anfangstempertur beträgt 10^{32} Kelvin, die Anfangsdichte = 10 hoch-93.

Zur Einführung

Amalie, Emmy Noether (*1882 +1935) stellte das noethersche Theorem auf,das dieSymmetrieeigenschaften eines Systems mit seinen Erhaltungsgrößen verknüpft. Sie bewies,dass jedem Erhaltungssatz eine Symmetrie zugrunde liegt und umgekehrt.So versteckt sich hinter dem Energieerhaltungssatz die Symmetrie der physikalischen Gesetze bei der Zeittranslation und hinter dem Impulserhaltungssatz die Symmetrie bei der Ortstranslation das Ergebnis: Die Naturgesetze gelten allezeit und allerorten. Doch was war unter dem schon lange bekannten Ladungserhaltungssatz zu verstehen?Hier entdeckten die Physiker die lokale Eichsymmetrie, die besagt, dass die physikalischen Gesetze symmetrisch sind bei gleichzeitiger Vertauschung negativen und positiven Ladungen.

Ein Meilenstein in der Geschichte der modernenPhysik war die Entwicklung des kosmologischen Standardmodells und seine Verschmelzung mit dem Standardmodell der Elementarteilchen.Nach diesem Modell beginnt die kosmologischeEvolution bei derPlanckzeit und bei der Plancktemperatur mit dem`kosmischen Ei´von der Größe der Plancklänge.Das Universum hatte damals eine nahezu unendliche Raumzeit - Krümmung. Das Universum dehnte sich dann aus und kühlte sich dabei ab. Aus einer anfänglichen Quark-Antiquark und Leptonen-Antileptonen Suppe entstanden `in den ersten Minuten´ nach Steven Weinberg Protonen und Elektronen im Hadronen- und Leptonen- Grundzustand. Nach 100 000 Jahren war das Plasma dann soweit abgekühlt, dass die Protonen die Elektronen einfangen und Wasserstoffatome gebildet haben. Seit dieser Zeit ist das Weltall für die elektromagnetische Strahlung durchlässig.

Die bisher ältesten Lichtquellen sind 1998 entdeckte Quasare. Ihr Licht war 12 Milliarden Jahr unterwegs, bis es von unseren Messapparaturen eingefangen wurde.Es durcheilte dabei einen gewaltigen Temperaturgradienten in der 5. Dimension. Es kommt aus einem Universum einer anderen Raumzeitkrümmung.

Das Standardmodell der Elementarteilchen und auch die Allgemeine Relativitätstheorie sind in der 4-dimensionalenRaumzeit formuliert.Die einzige mathematische Theorie, die bisher den Widerspruch zwischen der Theorie des ganz Kleinen und der Theorie des ganz Großen überwinden kann ist die Superstringtheorie, die seit 1996 in der 2. Stringrevolution zur M-Theorie weiterentwickelt wird. Doch diese Theorien vermeiden nur dann die lästigen mathematischen Unendlichkeiten, wenn sie in 10, bzw. in 11 Dimensionen,formuliert werden. Bei der M-Theorie geht man nicht vom mathematischen Punkt aus, sondern von schwingenden flächigen Membranen den b-branes. Die Quarks und die Leptonen den Standardmodells würden dann an einer Memban bestehen, die in 10 Dimensionen schwingt. (F. Moeller, www.necnet.de, 2004)

4.1. Plancksches Wirkungsquantum

Das plancksche Wirkungsquantum *h* ist eine grundlegende Naturkonstante in der Physik, die zur Beschreibung der Werte von quantisierten Größen verwendet wird.Sie ist von grundlegender Bedeutung in der Quantenphysik. Der Wert des planckschen Wirkungsquantums beträgt etwa: *h* = 6,6260755 x 10 hoch -34 Js, und hat demnach die Dimension von Energie mal Zeit, also einer Wirkung.

Das planckscheWirkungsquantum tritt in der Beschreibung quantisierter Phänomene auf. Insbesondere mikroskopische Objekte wie Elementarteilchen wie Elektronen oder Photonen haben physikalische Eigenschaften, die nicht jeden beliebigen kontinuierlichen Wert, sondern nur bestimmte diskrete Werte annehmen können.

Die Energie E elektromagnetischer Strahlung einer gegebenen Frequenz ν kann nur in bestimmten Portionen absorbiert und emittiert werden. Die Energie eines Feldes kann sich also nur um den folgenden Betrag ändern:

$$\Delta E = h\nu$$

Max Planck führte die Konstante *h* im Jahr 1900 zunächst nur als Hilfsmittel zur Lösung des Problems der Beschreibung des Strahlungsverhaltens schwarzer Körper (auch bezeichnet als Schwarzkörperstrahlung, oder Hohlraumstrahlung) ein. Nach der klassischen Ableitung (Rayleigh-Jeans-Gesetz) hätte die Stärke mit steigender Frequenz immer größer werden müssen (was der Realität widerspricht und als Ultraviolettkatastrophe bezeichnet wird).

Planck setzte in seiner Rechnung voraus, dass Strahlung der Frequenz ν nur in Energiepaketen der Größe $E=h\nu$ emittiert werden kann. Das Wirkungsquantum ist hier eine Proportionalitätskonstante, deren Größe sich aus der Anpassung an die experimentell ermittelten Werten der Hohlraumstrahlung ergibt. Die Energiepakete behandelte Planck nun mit den Gesetzen der statistischen Gastheorie. Auf diese Weise erhielt er eine gute Übereinstimmung mit den gemessenen Resultaten.

Planck hielt den nichtkontinuierlichen Charakter der Energie zunächst für eine Folge der Eigenschaft der Strahlungsquelle. Erst Albert Einstein postulierte 1905 die Lichtquantenhypothese, die besagt, dass die Quantisierung unabhängig von der Strahlungsquelle eine Eigenschaft des Strahlungsfeldes ist. Anlass dazu waren die experimentellen Ergebnisse zum photoelektischen Effekt.

Häufig ersetzt man die Frequenz ν durch die Kreisfrequenz $\omega = 2\pi\nu$ zu

$$E = h\omega$$

(Wikipedia, 31.08.2004)

4.2. Heisenbergsche Unschärferelation

In der Quantenphysik besagt die heisenbergsche Unschärferelation oder Unbestimmtheitsrelation, dass der Ort x und der Impuls *p* eines Teilchens nichtgleichzeitig beliebig genau bestimmt werden können. Sie wurde 1927 von Werner Heisenberg entdeckt. Danach gilt für die Ortsunschärfe Δx und die Impulsunschärfe Δ*p* stets ΔxΔ*p* >*h*/4π wobei *h* = 6,6261 x 10 hoch -34 Js das plancksche Wirkungsquantum und π die Kreiszahl ist.

Die Unbestimmtheitsrelation bezüglich Ort und Impuls ist eine unmittelbare Konsequenz der Wellennatur der Materie in der Quantenphysik und damit eines der fundamentalenGesetze der Physik. Sie wird oft irrtümlich damit erklärt, dass eine Messung des Ortes eines Teilchens notwendigerweise seinen Impuls stört. Heisenberg selbst hatte diese Erklärung zuerst gegeben. Die Unbestimmtheitsrelation gilt jedoch sogar, wenn nach der Messung des Ortes die Messung des Impulses an einer *Kopie* des Systems erfolgt.

Ähnliche Unschärfebeziehungen gibt es auch zwischen Energie und Zeit und anderen Paaren von physikalischen Größen. Folgende Analogie verdeutlicht die Unbestimmtheit:Nehmen wir an, dass wir ein zeitveränderliches Signal, z. B.eine Schallwelle haben und wir die genaue Frequenz dieses Signals zu einem *bestimmten* Zeitpunkt messen wollen. Das ist unmöglich,denn um die Frequenz exakt zu ermitteln, müssen wir das Signal über eine gewissen Zeitspanne beobachten und dadurch verlieren sie die Zeitpräzision. Das heißt, ein Ton kann nicht zu nur einer bestimmten Zeit da sein, wie etwa ein kurzer Impuls,und gleichzeitig eine exakte Frequenz besitzen, wie etwa ein ununterbrochener reiner Ton sie hat. Der Zeitpunkt und die Frequenz der Welle sind analog zu betrachten zum Ort und Impuls eines Teilchens.

DieUnbestimmtheitsrelation wird oft verwechselt mit einem anderen quantenmechanischen Phänomen,dem Zusammenbruch der Wellenfunktion,die ein Teilchen beschreibt, sich genau dann verändert, wenn dieses Teilchen beobachtet wird. Dieses Phänomen und die Unbestimmtheitsrelation sind verschieden, aber miteinander verwandt.

Im Rahmen des mathematischen Formalismus ergeben sich die Wahrscheinlichkeitsverteilungen für Orts- und Impulsmessungen und damit die Unschärfe aus den zugehörigen Wellenfunktionen. Die Unschärferelation folgt dann aus dem Umstand,dass die Wellenfunktionen bezüglich Ort und Impuls über eine Fouriertransformation miteinander verknüpft sind. Die fouriertransformierte eines lokal begrenzten Wellenpakets ist nun wiederum ein Wellenpaket, wobei das Produkt der Paketbreiten einer Beziehung gehorcht, die der obigen Unschärferelation entspricht.

(Wikipedia, 24.08.2004)

4.3. Schwarzschildradius

Der Schwarzschildradius(benannt nach Karl Schwarzschild*1873+1916) ist der Grenzradius, den eine Massekugel unterschreiten muss, damit an seiner Oberfläche die Fluchtgeschwindigkeit gleich der Lichtgeschwindigkeit ist. Ist das der Fall, so spricht man auch von einem *schwarzen Loch*, dessen Grenzen durch den Schwarzschildradius definiert sind.
Die durch den Schwarzschildradius gegebene Kugeloberfläche wird als Ereignishorizont bezeichnet, da ein außenstehender Beobachter keinerlei Informationen über den dahinter liegenden Raumbereich gewinnen kann:derZukunftslichtkegel der Ereignisse innerhalb des Schwarzschildradius wird durch die Schwerkraft *festgehalten*, so dass nichts mehr (auch keine Information) aus dem Gravitationsfeld der Massekugel entweichen kann. Das ist gerade deshalb der Fall, weil sich der Zukunftskegel mit Lichtgeschwindigkeit ausbreitet, diese aber nicht als Fluchtgeschwindigkeit ausreicht um der Schwerkraft des schwarzen Loches zu entkommen.Umgekehrt folgt daraus,dass sich der Bereich innerhalb des Ereignishorizonts *nicht* im Vergangenheitslichtkegel eines beliebigen Beobachters befindet.

Neue Überlegungen haben allerdings gezeigt,dass schwarze Löcher Energie(und damit Masse) in Form von Hawking - Strahlung (nach dem britischen Physiker Stephen Hawking *1942) abgeben, so dass diese Aussage, dass Nichts aus einem Schwarzen Loch entkommen kann, nur noch bedingt richtig ist.
Der Schwarzschildradius r_s ergibt sich aus einer speziellen Vakuum -Lösung(Schwarzschildlösung) der AllgemeinenRelativitätstheorie,und wird durch folgende Formel berechnet: $r_s = 2GM/c^2$ wobei G die Gravitationskonstante, M die Masse des Objekts und c die Lichtgeschwindigkeit ist. Diese Formel ergibt sich auch, wenn man für die newtonsche (nichtrelativistische) Fluchtgeschwindigkeit die Lichtgeschwindigkeit wählt. Für ein Objekt von der Masse der Erde beträgt der Schwarzschildradius lediglich 9 Millimeter.
Rotierende oder inhomogene Massen haben eine mathematisch schwierigere Lösung, die zu nicht kugelförmigen Ereignishorizonten (Kerr-Radius)führen.Insofern beschreibt derSchwarzschildradius den Ereignishorizont einer speziellen Masseverteilung.
(Wikipedia, 18.08.2004)

4.4. Curietemperatur

Eisen, Nickel, Kobalt und wenige andere Stoffe, insbesondere Legierungen, nehmen im Magnetfeld eine sehr hohe Magnetisierung an, die dem angelegten Feld geleichgerichtet ist. Die Magnetisierung soll bei Anwendung im HF-Bereich steuerbar sein, d.h. die verwendten Legierungen (Sinterkeramiken, Ferrite)müssen ein Verhalten, wie`magnetisch weiche´ Werkstoffe aufweisen.

Magnetisch weiche Werkstoffe enthalten aber schon sehr kleine Elementarmagnete, die durch Anlegen eines Magnetfeldes ausgerichtet werden. Diese Elementarmagnete bilden Bezirke gleicher Magnetisierung, die nach ihrem Entdecker Pierre Weiß als Weiß´sche Bezirke bezeichnet werden.

Die Ausrichtung der Weiß`schen Bezirke im nichtmagnetisierten Ferrit erfolgt in Abhängigkeit der Atomstruktur und der verwendeten Legierung. Die Ausrichtung der Weiß´schen Bezirke ist also rein zufällig.

Die Ausrichtung ist aber auch von der Temperatur abhängig. Bei hoher Temperatur beginnen sich die Weiß´schen Bezirke zu bewegen, bei geringer Temperatur richten sie sich aus. Bei hohen Temperaturen des Ferritmaterials wird die magnetische Ausrichtung der Weiß´schen Bezirke nur noch mit großen Feldstärken erreicht. Ab einer bestimmten Temperatur ist eine magnetische Ausrichtung nicht mehr möglich. Diese Temperatur wird Curietemperatur genannt und ist ein wichtiges Merkmal von Ferriten.

Erwärmt man Eisendraht über die Curie-Temperatur, so wird der Draht paramagnetisch und die Kraft reicht nicht mehr aus um die Magnete zu halten. Dieser Vorgang ist reversibel, d. h. bei Absenken der Temperatur ist dasMaterial wieder ferromagnetisch und kann permanent magnetisiert werden.

Um aber Symetrie zu erreichen muss die Curie - Temperatur mitbestimmt werden um die magnetische Kraft ausschalten zu können oder anders gesagt die Permeabilität ist temperaturabhängig.

$X_m = \mu_r - 1 = C/T - T_c$ wobei *C = Curie - Konstante; T_c = Curie- Temperatur;* *X_m = magnetische Suszeptibilität; μ_r = magnetische Permeabilität.*

(www.pi 1.physik.uni-stuttgart.de/ 2002)

Zusammenfassung

Auf die Äußerungen 'Neue Erkenntnisse über die Naturkonstante' gibt der Astrophysiker Prof. Harald Lesch in der Sendung, Alpha Centauri, space night, am 21.07.2004 etwa folgende Antwort: Was ist die Planck-Welt? Stellen wir uns vor wir würden immer tiefer in den inneren Raum vordringen bis zum Urgrund allen dinglichen Seins.

Von den Atomen zu den Bestandteilen des Atomkerns, wo hört dieser Raum eigentlich auf. Den 0-Punkt, r=0 erreichen wir nicht,denn das wäre die sogenannte Singularität, eine Unendlichkeit an einer Stelle wo nichts ist, das wäre der Abgrund der Physik und allen Seins.

Die Rettung von Allem ist die Planckwelt. Ursprünglich geht diese Bezeichnung auf Max Planck zurück. Doch die Planckwelt ist eine Physik, die bisher noch nicht so besteht, aber zu außergewöhnlichen Ergebnissen führt.

Zwei Theorien der Physik beschreiben die Naturkonstanten. 1.Die Quantenmechanik des Planckschen Wirkungsquantums *h*. 2. Die spezielle Relativitätstheorie der elektromagnetischen Wechselwirkung durch die Lichtgeschwindigkeit und die allgemeine Relativitätstheorie der Krümmung des Raumes durch die Schwerkraft.

Bei der Quantenmechanik geht es um die Bewegung des Raumes,der sogenannten Heisenbergschen Unschärferelation.Wenn eine Masse kleiner als 10 hoch -33 cm (die Plancklänge) ist, so lässt sich der Ort nicht mehr messen, er 'schwankt'. Es ist die sogenannte Ortsunschärfe. Und die Masse kann nicht mehr genau bestimmt werden, wenn sie einen Impuls von 10 hoch -43 erfährt.

Wird die Planckmasse auf 10 hoch -33 zusammengedrückt auf die sogenannte Plancklänge so besagt die Schwarzschilddichte, dass kein Impuls in der Planckzeit von 10 hoch -43 mehr wahrgenommen wird und die Dichte auf 10 hoch -93 der Dichte des Wassers komprimiert wird. Keine Plancklänge noch Planckzeit ist für die Physik relevant.Denn Ort und Impuls können nicht mehr gemessen werden und damit ist auch die Ursache und Wirkung nicht mehr zu messen. Denn dort wo Raum und Zeit gemessen werden können beginnt erst diePhysik und auch das Universum. Somit muss das Universum ein 'Quantenmechanisches' sein. Damit lässt sich auch der Anfangszustand des Universums berechnen. Der Anfangszustand = 10 hoch-60 Plancklänge und die Anfangszeit = 10 hoch 60 Planckzeit. Die Temperatur beträgt 10 hoch 32 Kelvin. Der Urgrund allen dinglichen Seins ist ein hochsymmetrischer Zustand. Durch die Curietemperatur 10^{32} Grad wird der Magnetismus des Universums ausgeschaltet.

5. Problematik der Zahl

Vorwort

Auch bei dieser Zusammenstellung muss hervorgehoben werden, dass die Bearbeitung nicht von einem Fachwissenschaftler erfolgt,und deshalb die Problematik nur verkürzt und gebündelt sich auf zweiAnsätze bezieht. Nämlich auf das 'zweite Hilbertsche Problem' (1900) und auf den sogenannten 'Unvollständigkeitssatz' von Kurt Gödel (1931) in dem jedes widerspruchsfreie Kalkül, das es erlaubt, von den natürlichen Zahlen zu sprechen, das also die elementare Arithmetik umfasst, unendlich viele Aussagen enthält, die in diesem Kalkül weder bewiesen noch widerlegt werden können. Solche Aussagen heißen unentscheidbare.

Der 'gödelsche Unvollständigkeitssatz' besagt, dass es keine axiomatisch formulierte Theorie (Kalkül) geben kann, die sämtliche Wahrheiten der Arithmetik beschreiben kann (d.h. dass 'wahr' und 'beweisbar' im Allgemeinen nicht das Gleiche sind). Weiter ist damit gesagt, dass ein mathematisches Kalkül seine eigene Widerspruchsfreiheit prinzipiell nicht beweisen kann.

Über die mathematische Beweisführung wurde bereits vom Fermatschen Satz berichtet, die aus dem Buch 'die Grammatik der Logik' von Wolfgang Blum, 2002, entnommen worden ist, ebenso über die Unendlichkeit der Zahl, nach Georg Cantor (1845 - 1918).

5.1. Zweites Hilbertsches Problem (1900)

Wenn es sich darum handelt, die Grundlagen einer Wissenschaft zu untersuchen, so hat man ein System von Axiomen aufzustellen, welche eine genaue und vollständige Beschreibung derjenigen Beziehungen enthalten, die zwischen den elementaren Begriffen jener Wissenschaft stattfinden. Die aufgestellten Axiome sind die Definitionen jener elementaten Begriffe, und jede Aussage innerhalb des Bereiches der Wissenschaft,deren Grundlagen wir prüfen, gilt uns nur dann als richtig, falls sie sich mittels einer endlichen Anzahl logischer Schlüsse aus den aufgestellten Axiomen ableiten lässt. Bei näherer Betrachtung entsteht die Frage, *ob etwa gewisse Aussagen einzelnerAxiome sich untereinander bedingen und ob sich somit die Axiome noch gemeinsame Bestandteile enthalten, die man beseitigen muss, wenn man zu einem System von Axiomen gelangen will, die völlig voneinander unabhängig sind.*

Vor allem aber möchte ich unter den zahlreichen Fragen, welche hinsichtlich der Axiome gestellt werden können, dies als das wichtigste Problem bezeichnen, *zu beweisen, dass dieselben untereinander widerspruchslos sind, d. h.,dass, man, auf Grund derselben mittels einer endlichen Anzahl von logischen Schlüssen niemals zu Resultaten gelangen kann, die miteinander in Widerspruch stehen.*

In der Geometrie gelingt der Nachweis der Widerspruchlosigkeit der Axiome dadurch, dass man einen geeigneten Bereich von Zahlen konstruiert, derart, dass den geometrischen Axiomen analoge Beziehungen zwischen den Zahlen dieses Bereiches entsprechen und dass demnach jeder Widerspruch in den Folgerungen aus den geometrischen Axiomen auch in der Arithmetik jenes Zahlenbereiches erkennbar sein müsste.Auf diese Weise wird also der gewünschte Nachweis für die Widerspruchlosigkeit der geometischen Axiome auf den Satz von der Widerspruchlosigkeit der arithmetischen Axiome zurückgeführt.

Zum Nachweis für die Widerspruchlosigkeit der arithmetischen Axiome bedarf es dagegen eines direkten Beweises. Die Axiome der Arithmetik sind im Wesentlichen nichts anderes als die bekannten Rechnungsgesetze mit Hinzunahme des Axiomes der Stetigkeit. Ich habe sie kürzlich zusammengestellt (Jahresbericht der Deutschen Mathematiker - Vereinigung, Bd. 8, 1900, S.180) und dabei das Axiom der Stetigkeit durch zwei einfachere Axiome ersetzt,nämlich das bekannte ArchimedischeAxiom (Punkt) und ein neues Axiom des Inhaltes, dass die Zahlen ein System von Dingen bilden,welches bei Aufrechterhaltung der sämtlichen übrigen Axiome keiner Erweiterung mehr fähig ist (Axiom der Vollständigkeit). Ich bin nun überzeugt, dass es gelingen muss einen direkten Beweis für die Widerdersspruchslosigkeit der arithmetischen Axiome zu finden, wenn man die bekannten Schlussmethoden in der Theorie der Irrationalzahlen im Hinblick auf das bezeichnete Ziel genau durcharbeitet und in geeigneter Weise modifiziert.

Um die Bedeutung des Problems noch nach einer anderen Rücksicht hin zu charakterisieren, möchte ich folgende Bemerkung hinzufügen. Wenn man einem Begriffe Merkmale erteilt,die einander widersprechen,so sage ich: der Begriff existiert mathematisch nicht. So existiert z. B. mathematisch nicht eine reelle Zahl, deren Quadrat gleich -1 ist. Gelingt es jedoch zu beweisen, dass die dem Begriff erteilten Merkmale bei Anwendung einer endlichen Anzahl von logischen Schlüssen niemals zu einem Widerdersspruch führen können, so sage ich, dass damit die mathematische Existenz des Begriffes z. B. einer Zahl oder einer Funktion, die gewisse Forderungen erfüllt, bewiesen worden ist.

In dem vorliegenden Falle, wo es sich um die Axiome der reellen Zahlen in der Arithmetik handelt, ist der Nachweis für die Widerspruchslosikeit der Axiome zugleich der Beweis für die mathematische Existenz des Inbegriffs der reellen Zahlen Kontinuums. In der Tat,wenn der Nachweis für die Widerspruchlosigkeit der Axiome völlig gelungen sein wird, so verlieren die Bedenken, welche bisweilen gegen die Existenz des Inbegriffs der reellen Zahlen gemacht worden sind, jede Berechtigung.

Freilich der Inbegriff der reellen Zahlen, d. h. das Kontinuum ist bei der eben gekennzeichneten Auffassung nicht etwa die Gesamtheit aller möglichen Dezimalbruchentwicklungen oder die Gesamtheit aller möglichen Gesetze, nach denen die Elemente einer Fundamentalreihe fortschreiten können, sondern ein System von Dingen, deren gegenseitige Beziehungen durch die aufgestellten Axiome geregelt werden und für welche alle und nur diejenigen Tatsachen wahr sind, die durch eine endliche Anzahl logischer Schlüsse aus den Axiomen gefolgert werden können.

Nur in diesem Sinn ist meiner Meinung nach der Begriff des Kontinuums streng logisch fassbar. Tatsächlich entspricht er auch, wie mir scheint, so am besten dem,was die Erfahrung und Anschauung uns gibt. Der Begriff des Kontinuums oder auch der Begriff des Systems aller Funktionen existiert dann in genau demselben Sinne wie etwa das System der ganzen rationalen Zahlen oder auch wie die höheren Cantorschen Zahlenklassen und Mächtigkeiten.

Denn ich bin überzeugt, dass auch die Existenz der letzteren in dem von mir bezeichneten Sinn ebenso wie die des Kontinuums wird erwiesen werden können -im Gegensatz zu dem System aller Mächtigkeiten überhaupt oder auch aller Cantorschen Alephs, für welches, wie sich zeigen lässt, ein widerspruchloses System von Axiomen in meinem Sinne nicht aufgestellt werden kann und welches daher nach meiner Bezeichnungsweise ein mathematisch nicht existierender Begriff ist.
(http://www.mathe.tu-freiberg.de/)

5.2. Unvollständigkeitssatz von Kurt Gödel (1931)

(Über formal unentscheidbare Sätze der Principia Mathematica und verwandte Systeme I)

Die Entwicklung der Mathematik in Richtung zu größerer Exaktheit hat bekanntlich dazu geführt,dass weite Gebiete von ihr formalisiert wurden, in der Art,dass das Beweisen nach einigen wenigen mechanischen Regeln vollzogen werden kann. Die umfassendsten derzeit aufgestellten formalen Systeme sind das System der Principia Mathematica einerseits, das Zermelo-Fraenkelsche (von J. v. Neumann weiter ausgebildete) Axiomensystem der Mengenlehre andererseits. Diese beiden Systeme sind so weit, dass alle heute in der Mathematik angewendeten Beweismethoden in ihnen formalisiert,d.h. auf einige wenige Axiome und Schlussregeln zurückgeführt sind. Es liegt daher die Vermutung nahe, dass diese Axiome sich in den betreffenden Systemen überhaupt formal ausdrücken lassen,auch zu entscheiden. Im Folgenden wird gezeigt, dass dies nicht der Fall ist, sondern dass es in den beiden ausgeführten Systemen sogar relativ einfache Probleme aus der Theorie der gewöhnlichen ganzen Zahlen gibt, d. h. genauer, es gibt unentscheidbare Sätze, in denen außer den logischen Konstanten: (nicht, oder, für alle, identisch mit), keine anderen Begriffe vorkommen als (Addition, Multiplikation), beide bezogen auf natürliche Zahlen, wobei auch die Präfixe x sich nur auf natürliche Zahlen beziehen dürfen, die sich aus den Axiomen nicht entscheiden lassen.

Dieser Umstand liegt nicht etwa an der speziellen Natur der aufgestellten Systeme, sondern gilt für eine sehr weite Klasse formaler Systeme, zu denen insbesondere alle gehören,die aus den beiden angeführten durch Hinzufügung endlich vieler Axiome entstehen,dabei werden in PM nur solche als Axiome als verschieden gezählt, die aus einander nicht bloß durch Typenwechsel entstehen, vorausgesetzt, dass durch die hinzugefügten Axiome keine falschen Sätze angegebener Art beweisbar werden.

Wir skizzieren, bevor wir auf Details eingehen,zunächst den Hauptgedanken des Beweises,natürlich ohne auf Exaktheit Anspruch zu erheben. Die Formeln eines formalen Systems (wir beschränken uns hier auf das System PM) sind äußerlich betrachtet endliche Reihen der Grundzeichen (Variable, logische Konstante und Klammern bzw.Trennungspunkte)und man kann leicht genau präzisieren, welche Reihen von Grundzeichen sinnvolle Formeln sind und welche nicht.

Analog sind Beweise vom formalen Standpunkt nichts anderes als endliche Reihen von Formeln (mit bestimmten angebbaren Eigenschaften). Für metamathematische Betrachtungen ist es natürlich gleichgültig, welche Gegenstände man als Grundzeichen nimmt, und wir entschließen uns dazu, natürliche Zahlen als solche zu verwenden. Dementsprechend ist dann eine Formel eine endliche Folge natürlicherZahlen und eine Beweisfigur eine endliche Folge von endlichen Folgen natürlicher Zahlen.

Die metamathematischen Begriffe (Sätze) werden dadurch zu Begriffen (Sätzen) über natürliche Zahlen bzw. Folgen von solchen m. a. W: Das oben beschriebene Verfahren liefert ein isomorphes Bild des Systems PM im Bereich der Arithmetik und man kann alle metamathematischen Überlegungen ebenso gut an diesem isomorphen Bild vornehmen. Dies geschieht in der folgenden Beweisskizze, d.h. unter `Formel', `Satz',`Variable' etc. sind immer die entsprechenden Gegenstände des isomorphen Bildes zu verstehen und daher (wenigstens teilweise) in den Symbolen des Systems PM ausdrückbar.

Insbesondere kann man zeigen, dass die Begriffe `Formel', `Beweisfigur', `beweisbare Formel', innerhalb des Systems PM definierbar sind, d. h. man kann z. B. eine Formel F(v) aus PM mit einer freien Variablen v (vom Typus einer Zahlenfolge) angeben, so dass F(v) inhaltlich interpretiert besagt: v ist eine beweisbare Formel. Nun stellen wie einen unentscheidbaren Satz des Systems PM, d. h. einen Satz A, für den weder A noch non-A beweisbar ist, folgendermaßen her.

Eine Formel aus PM mit genau einer freien Variablen, u. zw. vom Typus der natürlichen Zahlen (Klasse von Klassen) wollen wir ein Klassenzeichen nennen. Die Klassenzeichen denken wir uns irgendwie in eine Folge geordnet, bezeichnen das n-te mit R(n) und bemerken, dass sich der Begriff `Klassenzeichen' sowie die ordnende Raltation R im System PM definieren lassen. Sei α ein beliebiges Klassenzeichen; mit [α; n] bezeichnen wir diejenige Formel, welche aus dem Klassenzeichen α dadurch entsteht, dass man die freie Variable durch das Zeichen für die natürliche Zahl n ersetzt. Auch die Tripel-Relation x =[y;z] erweist sich als innehalb PM definierbar. Nun definieren wir eine Klasse K natürlicher Zahlen folgendermaßen: n ε K =- Bew- [R (n); n] (wobei Bew x bedeutet: x ist eine beweisbare Formel). Da die Begriffe, welche im Definiens vorkommen, sämtlich in PM definierbar sind, so auch der daraus zusammengesetze Begriff K, d. h. es gibt ein Klassenzeichen S, so dass die Formel [S; n] inhaltlich gedeutet besagt, dass die natürliche Zahl n zu K gehört. S ist als Klassenzeichen mit einem bestimmt R(q) identisch, d. h. es gilt S = R(q) für eine bestimmte natürliche Zahl q.Wir zeigen nun,dass der Satz [R(q);q] in PM unentscheidbar ist. Denn angenommen der Satz [R(q); q] wäre beweisbar, dann wäre er auch richtig, d. h. aber nach dem obigen q würde zu K gehören, d. h. nach (1) es würde Bew- [R(q); q] gelten,im Widerspruch mit der Annahme. Wäre dagegen die Negation von [R(q); q] beweisbar, so würde n ε K, d. h. Bew [R(q);q] gelten. [R(q);q] wäre also zugleich mit seiner Negation beweisbar, was wiederum unmöglich ist.

Wir haben also einen Satz vor uns, der seine eigenene Unbeweisbarkeit behauptet. Ein solcher Satz hat entgegen dem Anschein nicht Zirkelhaftes an sich, denn er behauptet zunächst die Unbeweisbarkeit einer ganz bestimmten Formel (nämlich der q-ten in der lexikographischen Anordnung bei einer bestimmten Einsetzung) und erst nachträglich (gewissermaßen zufällig) stellt sich heraus, dass diese Formel gerade die ist, in der er selbst ausgedrückt wurde.
Die eben auseinandergesetzte Beweismethode lässt sich offenbar auf jedes formale System anwenden, das erstens inhaltlich gedeutet über genügend Ausdrucksmittel verfügt, um die in der obigen Überlegung vorkommenden Begriffe (insbesondere den Begriff `beweisbare Formel') zu definieren, und in dem zweitens jede beweisbare Formel auch inhaltlich richtig ist. Die nun folgende exakte Durchführung des obigen Beweises wird unter anderem die Aufgabe haben, die zweite der eben angeführten Voraussetzungen durch eine rein formale und schwächere zu ersetzen.
Aus der Bemerkung,dass [R(q); q] seine eigene Unbeweisbarkeit behauptet, folgt sofort, dass [R(q);q] richtig ist, denn [R(q);q] ist ja unbeweisbar (weil unentscheidbar). Der im System PM unentscheidbare Satz wurde also durch metamathematische Überlegungen doch entschieden. Die genaue Analyse dieses merkwürdigen Umstandes führt zu überraschenden Resultaten,bezüglich derWiderspruchsfreiheitsbeweise formalerSysteme.
Die genaue Durchführung des Beweises wird übergangen,um selbst nicht überfordert zu sein, aber aus den Ergebnissen folgt ein merkwürdiges Resultat, bezüglich eines Widerspruchslosigkeitsbeweises des Systems P (u. seiner Erweiterungen), das durch folgenden Satz ausgesprochen wird:
Satz XI: Sei x eine beliebige rekursive widerspruchsfreie Klasse von Formeln, dann gilt: Die Satzformel, welche besagt, dass x widerspruchsfrei ist, ist nicht x-beweisbar, insbesondere ist die Widerspruchsfreiheit von P in P unbeweisbar(dies folgt, wenn man für x die leereKlasse von Formeln einsetzt),vorausgesetzt, dass P widerspruchsfrei ist (im entgegengesetzten Fall ist natürlich jede Aussage beweisbar).
Der Beweis ist(in Umrissen skizziert)der folgende: Sei x eine beliebige für die folgende Betrachtungen ein für allemal gewählte rekursive Klasse von Formeln(im einfachsten Falle die leere Klasse).Zum Beweis der Tatsache, dass 17 Gen r nicht x-beweisbar ist, r hängt natürlich (ebenso wie p) von x ab, wie aus dem 1. Beweis hervorgeht, nur die Widerspruchsfreiheit von x benutzt, d. h. es gilt:

$$\text{Wid}(x) \dashrightarrow \text{Bew}_x\ (17\ \text{Gen}\ r)$$

Es sei bemerkt, dass auch dieser Beweis konstruktiv ist, d. h. er gestattet, falls ein Beweis aus x für w vorgelgt ist, einen Widerspruch aus x effektiv herzuleiten. Der ganze Beweis für Satz XI und der klassischen Mathematik A übertragen und liefert auch hier das Resultat:Es gibt keinen Widerspruchslosigkeitsbeweis für M bzw. A,der innerhalb von M bzw.A formalisiert werden könnte, vorausgesetzt, dass M bzw. A widerspruchsfrei ist. Es sei ausdrücklich bemerkt, dass Satz XI(und die entsprechenden Resultate über M, A)in keinem Widerspruch zum Hilbertschen formalistischen Standpunkt stehen. Denn dieser setzt nur die Existenz eines mit finiten Mitteln geführten Widerspruchsfreiheitsbeweises voraus und es wäre denkbar, dass es finite Beweise gibt, die sich in P (bzw. M, A) nicht darstellen lassen.
Da für jede widerspruchsfreie Klasse x w nicht x-beweisbar ist, so gibt es schon immer dann (aus x) unentscheidbare Sätze (nämlich w), wenn Neg (w) nich x-beweisbar ist; m.a. W. man kann in Satz VI die Voraussetzung der w-Widerspruchsfreiheit ersetzen durch die folgende: Die Aussage `x ist widerspruchsvoll' ist nicht x-beweisbar. (Man beachte, dass es widerspruchsfreie x gibt, für die diese Aussage x-beweisbar ist.) (Auszug aus: Monatshefte für Mathematik und Physik 38. 1931, Seite 173 - 198)
Zusatz:Wir haben uns in dieser Arbeit im Wesentlichen auf das System P beschränkt und die Anwendungen auf andere Systeme nur angedeutet. In voller Allgemeinheit werden die Resultate in einer demnächst erscheinenden Fortsetzung ausgesprochen und bewiesen werden. In dieser Arbeit wird auch der nur skizzenhaft geführte Beweis von Satz XI ausführlich dargestellt werden. (Eingelangt: 17. XI. 1930)

5.3. Darlegung der Gödelschen formal unentscheidbaren Sätze

(Aus dem Wissenschaftstheoretisches Lexikon, 1978)
Über Axiomatik Seite 76: Die Unabhängigkeit eines Axioms lässt sich beweisen, indem man es bei Beibehaltung der übrigen Axiome negiert und das so entstehende neue System auf seine Widerspruchsfreiheit hin überprüft. Widerspruchsfreiheitsbeweise sind nur in sehr begrenztem Maße erbringbar. Für wesentliche Teilgebiete z. B. der Mathematik, wie etwa die reine Zahlentheorie, sind - wie Gödel gezeigt hat - solche Beweise mit den Mitteln dieser Theorie selbst nicht möglich. Es lässt sich aber in diesem Falle die Widerspruchsfreiheit einer solchen axiomatisierten Theorie durch Reduktion auf eine andere, deren Widerspruchsfreiheit selbst vorausgesetzt wird, oder aber durch die Angabe eines realen Modells für sie (Nach dem Grundsatz: `Was wirklich ist, ist auch möglich und damit widerspruchsfrei') als praktisch hinreichend gewährleistet aufzeigen.

Unter Beweis Seite 99/100: Ein Beweis soll die Richtigkeit einer Aussage einsichtig machen, indem er vorführt, wie diese aus bereits als richtig angenommenen Voraussetzungen gefolgert werden kann...
An diese Feststellung knüpft die Hilbertsche Beweistheorie an: Ihr Ziel war es, die Widerspruchsfreiheit der Mathematik nur unter Verwendung einfachster und unmittelbar anschaulicher Wahrheiten über Zeichensysteme zu zeigen und damit ein für allemal die Garantie zu erhalten, dass in der üblichen mathematischenTheorie keine Antinomien auftreten können. Hätte sich dieser Nachweis mit den angegebenen Beweismitteln durchführen lassen,so wäre damit in Hilberts Augen Mathematik mit Hilfe der einfachsten und zuverlässigsten Erkenntnismittel gerechtfertigt gewesen. Denkbar war dieses Programm nur deshalb, weil mathematische Beweise durch einfache graphische Gebilde, nämlich Ableitungen im Kalkül, dargestellt werden konnten. Gödel zeigte jedoch 1931, dass der Nachweis der Widerspruchsfreiheit eines formalenSystems immer schon Annahmen erfordert, die im System nicht beweisbar sind.
Die Entscheidbarkeit Seite 129/130: Gödel hat 1931 gezeigt, dass zu jeder rekursiven Axiomatisierung der Zahlentheorie ein Satz angegeben werden kann, der in diesem System im letzt genannten Sinne nicht entscheidbar ist(das Gleiche gilt für alle formalen Systeme, in denen man bestimmte zahlentheoretische Prädikate formulieren und beweisen kann). Dies bedeutet, dass es nicht nur faktisch, sondern auch prinzipiell unmöglich ist, alle wahren mathematischen Aussagen nach einem einheitlichen Verfah- zu erzeugen.
Über Grundlagen der Mathematik Seite 222: Letztlich kann jedoch über die Haltbarkeit solcher Grundlegungsversuche nicht mit rein mathematischen Mitteln entschieden werden. Besonders deutlich zeigt dies ein Satz von Gödel, nach dem die Widerspruchsfreiheit mathematischer Systeme nur unter Voraussetzungen beweisbar ist, die im System selbst nicht bewiesen werden können.
Das Kalkül Seite 301: Denn nach dem Gödelschen Vollständigkeitssatz sind genau die Formeln der Prädikatenlogik (1. Stufe) im Prädikatenkalkül ableitbar, die auch logisch gültig sind. Andererseits gilt aber auch, dass sich weder der Wahrheitsbegriff für die Logik 2. Stufe (in der auch über Prädikate und Ralationen quantifiziert werden kann)noch der Wahrheitsbegriff für die natürlichen Zahlen kalkülisieren lässt; d. h. es gibt keinen Kalkül, der gerade alle logisch gültigen Aussagen 2. Stufe bzw. alle wahren Sätze über natürliche Zahlen erzeugt.

Konsistenz Seite 328/329: Konsistenz meint Widerspruchsfreiheit.Ein formales System(von Aussagen) heißt formal (oder einfach) konsistent, wenn in ihm mit einer Aussage(Formel) p nicht auch ihre Negation -p(d.h. wenn kein Widerspruch) ableitbar ist. Durch Modellbildung lässt sich also die relative Konsistenz beweisen. Gödel (1931) bewies, dass innerhalb eines formalen Systems, das die elementare Arithmetik umfasst, kein formaler Konsistenzbeweis jenes Systems möglich ist.
Die relative Konsistenz des um das Auswahlaxiom und die Kontinuushypothese erweiterten Systems der Mengenlehre in Bezug auf dieses selbst konnte Gödel (1940) nachweisen.
Die Prädikatenlogik Seite 435: Es lassen sich Grundformeln und Grundregeln angeben, aus denen alle allgemeingültigen prädikatenlogische Formeln (der elementaren Prädikatenlogik) gewonnen werden können (Vollständigkeitssatz von Gödel,1930).Sie ist jedoch zum Unterschied der Aussagenlogik nicht entscheidbar. (Church, 1936). Es gibt also kein mechanisches Entscheidungsverfahren, einer vorgelegten Formel der Prädikatenlogik die Allgemeingültigkeit und damit die Beweisbarkeit anzusehen.
Über Reflexion Seite 494: In reinster Form zeigt sich die Reflexion in der Aussage über eine Aussage. Zwar kann es infolge gewisser metamathematischer Ergebnisse(vgl.die Gödelsätze) keine explizite formale Theorie der Reflexion geben, aber durch Übertragung der reflexiven Einsichten auf Begriffe ergibt sich eine Neuinterpretation der traditionellen Reflexionsbegriffe. Es handelt sich bei diesen Begriffen um Bestimmungen der formalen Verhältnisse zwischen den Objekten unseres Denkens.
Zur Formalisierung der Sprache Seite 545: Da nun, wie Gödel, Church u.a. durch die sogenannten \`Unentscheidbarkeitstheoreme´gezeigt haben, eine vollständige Formalisierung der pragmatischen Sprach-Dimension schon wegen der Reflexions-Problematik unmöglich ist, so muss die pragmatische Interpretation von Kunstsprachen die natürliche Sprache als aktuell gebrauchte letzte Meta-Sprache voraussetzen.
Über Universalien Seite 620: Die Frage nach der Existenz von Universalien ist die Frage, ob neben den konkreten Dingen der realen Welt auch abstrakte,ideale Gegenstände als existent anzunehmen sind. In der Logik sind platonistische Voraussetzungen unumgänglich, sofern man die übliche Interpretationssemantik zugrunde legt. So muss z.B. eine interpretationssemantische Definition des quantorenlogischen Gültigkeitsbegriffs notwendigerweise auf platonistische Gebilde (Klassen von Individuen) Bezug nehmen. Der Versuch, diesem Platonismus, sei es durch eine bewertungssemantische Definition des Gültigkeitsbegriffs, sei es durch eine (auf Grund des Gödelschen Vollständigkeitstheorems möglich) Ersetzung des interpretations-semantischen Gültigkeitsbegriffs durch den syntaktischen Begriff der Beweisbarkeit, zu entgehen,...wenig aussichtsreich.

Schlusswort

Nicht unberechtigt wurde diese Schrift `Metaphysik der Zahl´ bezeichnet. Kein Sandkorn gleicht dem anderen, und kein Wassertropfen ist dem anderen Topfen gleich. Damit ist die Unendlichkeit der Individualität jedes Dinges bestätigt.

Und dennoch besteht das Unendliche der Zahl nicht im Denken, denn darin ist das Unendliche nicht zu fassen.

Auch die Vorstellung ist dem mathematisch Unendlichen verschlossen. Die 0 als Zahlenbegriff ist uns sehr bekannt,dass sie aber mit dem mathematisch Unendlichen gleichgesetzt werden kann, bleibt dem Denken und der Vorstellung verwehrt.

So hat die Infinitesimalrechnung den Zweck die kleinsten Größenunterschiede mathematisch fassbar zu machen und setzt damit die Unberechenbarkeit im Ansatz der Gleichung schon voraus.

Das Unendlichgroße der Zahl und das Unendlichkleine der Zahl bilden einen strengen Gegensatz. Doch bei der unendlich kleinen Zahl geht es um den Teil, während bei der unendlich großen Zahl um das Ganze geht. Auch die Naturgegebenheiten richten sich nicht nach den berechneten Zahlenwerten,denn ihnen liegt kein rechnender Verstand zugrunde.Auch bei mathematischen Formeln,Gleichungen und Funktionen der Zahl wird die Bedeutung der Symbole (m,c,t,g u.a) beim Berechnen vorausgesetzt. Das Unberechenbare liegt selbst im Bereich des Mathematischen.z.B.das Dreikörperproblem kann nicht berechnet werden.

Schon jede ganze Zahl,Bruch,Vielfaches, Potenz u.a. ist dem Wesen nach ein Verhältnis zur Einheit. Irgendwelche Realgrößen, gleich welcher Träger oder Dimensionen kann die Zahl nicht geben. Darum sind alle Maßstäbe in der exakten Wissenschaft empirischer Art,oder sogar konventionell.

Auch innere Grenzen der Rechnung der Zahl liegt in seinem mathematischen Apriorismus. Dabei sei auf die imaginäre Zahl u.a. hingewiesen. Doch noch auf weitereBegrenzungen der Zahl lassen sich durch die absoluten Konstanten feststellen z.B. Lichtgeschwindigkeit (c),Gravitation (g), Temperaturnullpunkt (Kelvin). Auch die Messbarkeit selbst wird in der sog. `Planckwelt´ aufgehoben. Beim Planckschen Wirkungsquantum h; Heisenbergsche Unschärferelation, Schwarzschildradius und der Curietemperatur ist kein Ort und keine Zeit mehr bestimmbar.

Bei der `Problematik der Zahl´ im zweiten Hilbertschen Problem und im sogenannte Unvollständigkeitssatz von Kurt Gödel, wird festgestellt, dass die unentscheidbare Aussage der Arithmetik, das Kalkül (Berechnung oder Schätzung) weder bewiesen noch widerlegt werden kann.

